“十四五”普通高等教育本科部委级规划教材

服装效果图数字化表现技法

薛小博◎著

中国纺织出版社有限公司

内 容 提 要

本书聚焦于数字技术如何革新并优化服装设计流程，特别是对服装效果图表现技法的优化。开篇即对数字工具对服装设计的影响及其广泛应用进行了详细解析，不仅涵盖了服装效果图与款式图的多种类型及其在不同场景下的应用策略，还深度剖析了Procreate、Illustrator、Photoshop、Stable Diffusion 设计软件在服装设计实践中的具体应用与技巧。此外，还深入探讨了系列主题创作与综合性创意表现技法，引导设计师从主题的确定到灵感、情绪、色彩、款式、面料版的全面构思与表现，最终实现服装设计系列效果图与款式图的完美呈现。

本书适合作为服装设计专业的学生、高校教师所使用的教材。

图书在版编目（CIP）数据

服装效果图数字化表现技法 / 薛小博著. -- 北京：中国纺织出版社有限公司，2024. 11. -- （“十四五”普通高等教育本科部委级规划教材）. -- ISBN 978-7-5229-2350-5

Ⅰ. TS941.28

中国国家版本馆 CIP 数据核字第 2024YM5734 号

责任编辑：黎嘉琪　亢莹莹　　责任校对：高　涵
责任印制：王艳丽

中国纺织出版社有限公司出版发行
地址：北京市朝阳区百子湾东里 A407 号楼　邮政编码：100124
销售电话：010—67004422　传真：010—87155801
http://www.c-textilep.com
中国纺织出版社天猫旗舰店
官方微博 http://weibo.com/2119887771
北京通天印刷有限责任公司印刷　各地新华书店经销
2024 年 11 月第 1 版第 1 次印刷
开本：787×1092　1/16　印张：12.5
字数：200 千字　定价：69.80 元

前言

PREFACE

在数字技术日新月异的今天，服装设计领域正经历着前所未有的变革。传统的设计模式正逐渐被数字化技术所重塑，为设计师带来了前所未有的创作自由与效率提升。在此背景下，《服装效果图数字化表现技法》一书应运而生，旨在为学生提供全面、系统且实用的数字化表现技法指南。

本书聚焦于数字技术如何优化并革新服装设计流程，特别是对服装效果图的表现技法的优化。我们深知，在数字化时代，掌握先进的电脑技术对于设计师来说至关重要。因此，本书不仅涵盖了数字工具在服装设计中的核心地位及其广泛应用，还深度剖析了设计软件如Procreate、Illustrator、Photoshop、Stable Diffusion在服装设计实践中的具体应用与技巧。

相信通过学习本书，学生们将能够全面提升自己的计算机技术应用能力，掌握最前沿的数字化表现技法。无论是基础操作、设计流程、人体表现、色彩与材质绘制，还是系列主题创作与综合性创意表现技法，本书都将为设计师们提供详尽的指导与启发。

更为重要的是，本书紧跟数字技术的前沿发展，特别探讨了AI技术在服装设计中的创新应用，AI技术的融入将为服装设计带来更大的可能性与创造力。因此，本书也深度剖析了Stable Diffusion设计软件在面料设计、效果图虚拟展示及款式动态展示与调整等方面的应用潜力。

本书的顺利编写完成，需要向每一位在书稿撰写中给予我帮助的人表示由衷的感谢。

首先，特别感谢吴俊教授的耐心指导，为这本书的构建打下了坚实的基础。

其次，感谢参与和帮助本书完成的同学们：姚思彤同学为第一章提供了生动和精彩的案例，为书稿开了很好的篇章；张博涵同学的支持和协助，使第二章能顺畅地呈现；李诺祺同学对第三章和第五章的细心打磨让内容更加饱满和深入；孟庆琳同学为第四章提供了精彩案例。

最后，感谢那些在我创作过程中，或鼓励、或提供资料、或以各种方式默默支持我的家人和朋友。

衷心希望本书能够成为学生们的得力助手与创意源泉。愿每一位设计师都能在此书的引领下，掌握数字技术的力量，创造出更加出色、独特的服装设计作品，共同推动服装设计行业的数字化创新与发展。

薛小博

2024年7月

教学内容及课时安排

课程性质（课时）	章	节	课程内容
专业知识应用（8课时）	第一章 Procreate在服装设计中的应用	一	基础操作与界面布局
		二	设计流程及基本工具使用
		三	服装效果图人体表现技法
		四	服装效果图基础表现技法
		五	服装色彩绘制技法
		六	服装材质与肌理技法
		七	服装配饰绘制技法
		八	综合展示
专业知识应用（16课时）	第二章 Illustrator在服装设计中的应用	一	基础操作与界面布局
		二	矢量图形的创建与编辑
		三	服装款式图的精确绘制
		四	服装款式造型手册
专业知识应用（16课时）	第三章 Photoshop在服装设计中的应用	一	基础操作与界面布局
		二	创建动作制作服装面料图案
		三	服装效果图后期处理与修饰技法
专业知识应用（8课时）	第四章 系列主题创作与综合性创意表现技法	一	调研
		二	产生创意版
		三	设计元素拓展
		四	色彩与面料版
		五	服装效果图与款式图
		六	服装制作
		七	服装成衣展示
		八	设计案例
专业知识应用（6课时）	第五章 Stable Diffusion技术在服装设计中的应用	一	原理与特性
		二	相关工具与软件介绍
		三	服装面料设计中的应用
		四	服装效果图虚拟展示应用

注　各院校可根据实际情况调整。

目录

CONTENTS

第一章

Procreate 在服装设计中的应用

教学目标：

通过介绍Procreate软件在服装设计中的应用，使学生掌握数字绘画工具在服饰品设计中的基本操作与技巧，理解其在现代服装设计中的重要性。

教学内容：

1. 基础操作与界面布局
2. 设计流程及基本工具使用
3. 服装效果图人体表现技法
4. 服装效果图基础表现技法
5. 服装色彩绘制技法
6. 服装材质与肌理技法
7. 服装配饰绘制技法
8. 综合展示

教学课时：8课时

教学重点：

1. Procreate在服装设计中的具体应用技巧
2. 服装配饰的数字化表现方法

课前准备：

1. 安装Procreate软件，并进行体验式操作
2. 收集相关服装配饰设计案例

Procreate作为一款强大的数字绘画和设计工具，在服装设计中发挥着越来越重要的作用。设计师可以利用其丰富的画笔库和灵活的图层功能，轻松绘制出精细的服装效果图、图案和面料纹理。同时，Procreate的色彩调整功能和实时渲染效果使得设计师能够快速预览不同面料和颜色组合的效果，从而在设计过程中做出更加明智的决策。此外，通过导入照片或3D模型，设计师还能在Procreate中实现服装设计的逼真展示效果，进一步提高设计作品的吸引力和市场竞争力。

第一节　基础操作与界面布局

Procreate是一款专为iPad设计的绘图工具，其基础操作和界面布局对于初学者来说相对直观且易于上手。以下是对Procreate的基础操作和界面介绍。

（1）新建画布。打开Procreate后，点击右上角的“+”号，选择画布尺寸，如A4尺寸，然后命名并创建画布（图1–1）。

（2）手势操作。

①单指长按：相当于吸管工具，可以吸取画布上的颜色（图1–2）。

②双指操作：双指放大缩小画布，双指快速捏合可以让图片放大充满画布，双指轻点可以撤销上一步操作。

③三指操作：三指轻点屏幕可以重做上一步操作，三指下滑可以剪切/

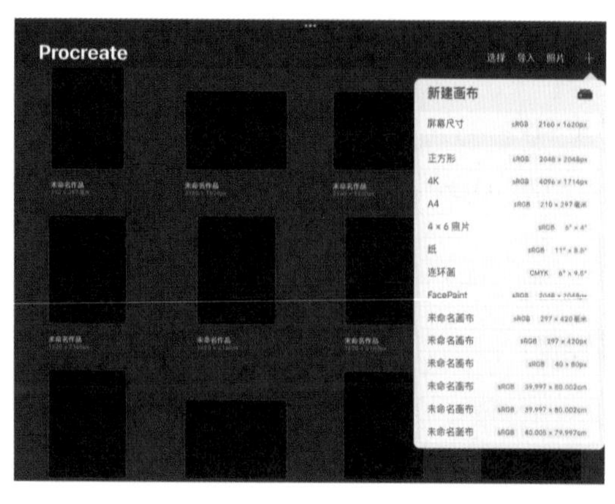

图 1–1　新建画布

图 1–2　手势操作

复制/粘贴图层或选区。

④四指操作：四指轻点屏幕可以使画布全屏显示。

（3）画笔与笔刷。点击画布内部界面的画笔图标后可以选择各种画笔。Procreate提供了超过200种不同类型的笔刷。设计师可以通过调整笔刷的大小、硬度和透明度来实现不同的绘画效果（图1-3、图1-4）。还可以通过长按笔刷组来调整笔刷顺序，点击加号制作新笔刷，单指左滑笔刷来复制笔刷。

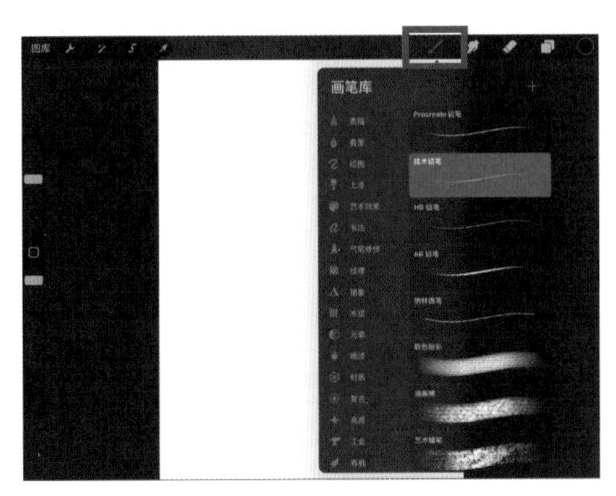

图1-3 选择画笔

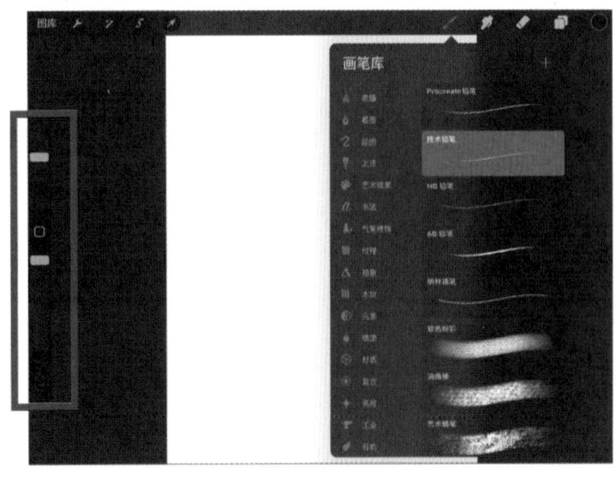

图1-4 调整笔刷大小、透明度等

（4）色彩调整。点击调色盘选择颜色，双击色盘上的颜色可以快速选择纯色。调节画笔的粗细和不透明度可以在左侧滑块上进行（图1-5）。

（5）操作工具、调整工具、选择工具、移动工具。操作工具用于插入文件、调整画布、分享导出等；调整工具用于调整画面的色调和添加画面滤镜等；选择工具可以将局部调整，移动工具可以与选择工具搭配使用（图1-6～图1-8）。

图1-5 色彩调整

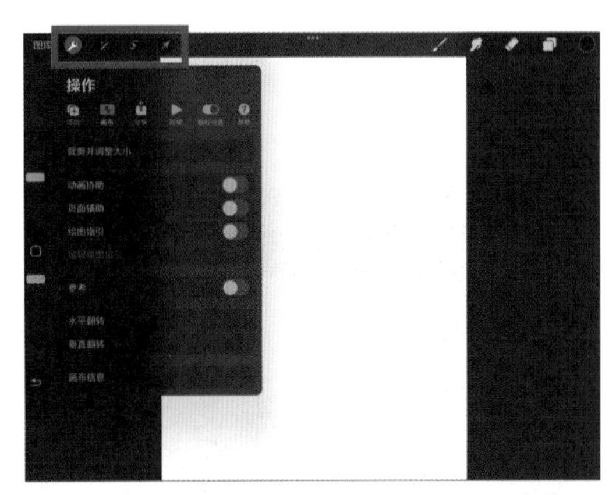

图1-6 工具栏

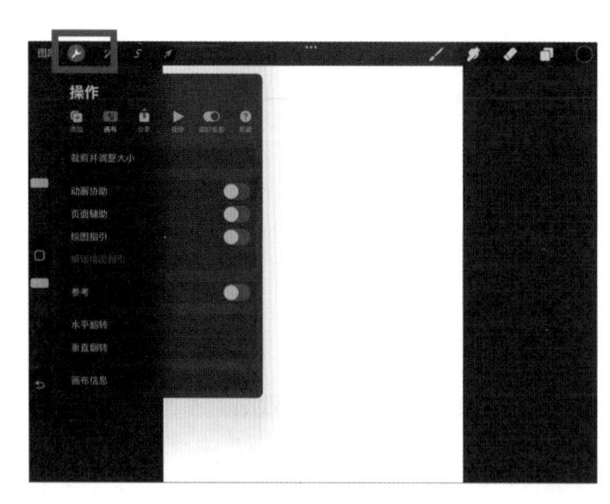

图 1-7　操作工具

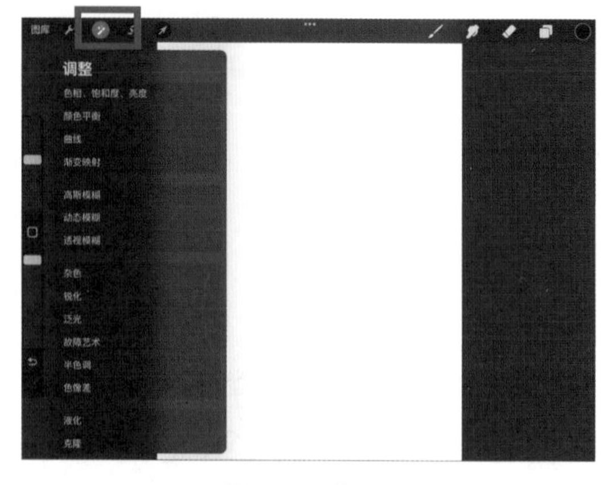

图 1-8　调整工具

第二节　设计流程及基本工具使用

一、设计流程

Procreate 是一款强大的绘图工具，非常适合服装设计师用来绘制草图。使用Procreate绘制服装草图的基本步骤如下。

（1）设置画布。打开Procreate软件。选择或创建一个新的画布，设置合适的尺寸和分辨率以适应设计需求。对于服装设计草图而言，通常会选择一个纵向的画布，画面分辨率一般设置为300（图1–9）。

（2）选择画笔。在Procreate的画笔库中浏览并选择适合绘制草图的画笔（图1–10）。对于草图阶段，可以选择一个较为粗糙的画笔来快速绘制设计想法。

设计师可以通过调整画笔的大小、透明度和流量等参数，以适应自己的绘画风格。

图 1-9　设置画布

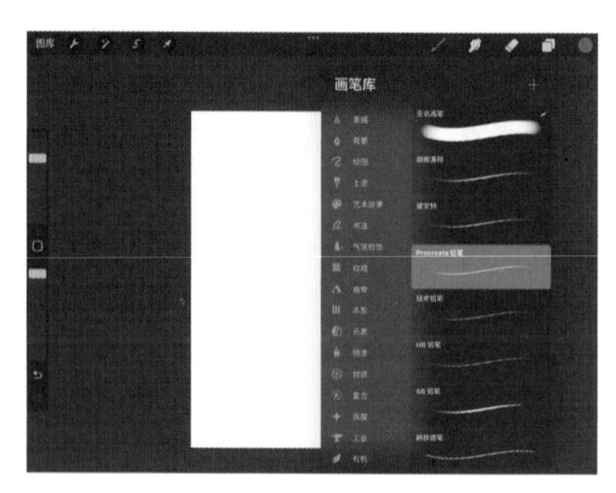

图 1-10　选择画笔

（3）绘制基本形状。使用较细的线条勾勒服装的基本轮廓。可以是一个简单的人形轮廓，或者是更具体的服装剪影（图1-11）。

记住要保持线条的流畅和简洁，尤其是在草图阶段，不必拘泥于细节。

（4）添加细节。一旦对基本的服装形状感到满意后，可以开始添加更多的设计细节，如领口、袖口、口袋、拉链等（图1-12）。

使用不同粗细的线条和风格来区分服装的不同部分和纹理。

（5）色彩和材质。利用Procreate的色彩拾取器和调色板来选择和混合颜色，为服装草图添加简单的颜色块来表示不同的面料或图案。

通过调整图层的透明度或使用不同的混合模式来模拟面料的质感和层次感（图1-13～图1-16）。

（6）修正和完善。利用Procreate的图层功能，可以轻松地对不满意的部分进行修改或调整。不断缩小画布，确保整体的比例和动态效果是和谐的（图1-17）。使用橡皮擦工具或画笔的擦除模式来修正错误或去除多余的线条（图1-18）。

图1-11 绘制基本形状

图1-12 添加细节

图1-13 铺色

图1-14 添加阴影

图 1-15　细画

图 1-16　完成图

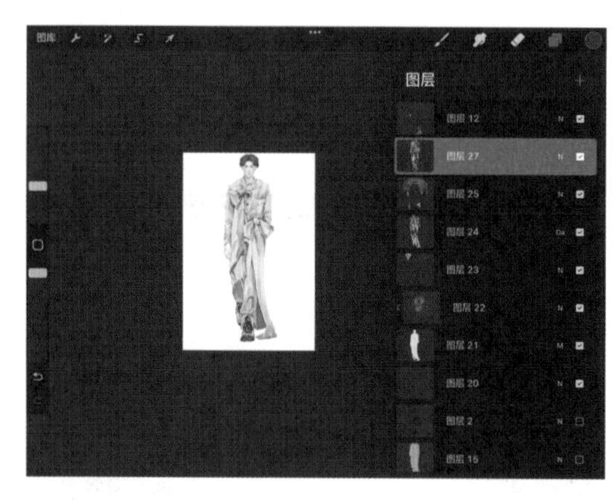

图 1-17　缩小画布

图 1-18　修正错误

（7）导出和分享。当你对完成图满意时，可以将其导出为图片文件（如JPEG、PNG等），以便在其他设计软件中进一步编辑或在社交媒体上分享。

在导出前，确保调整图像的分辨率和尺寸合适以适应不同的用途（图1-19、图1-20）。

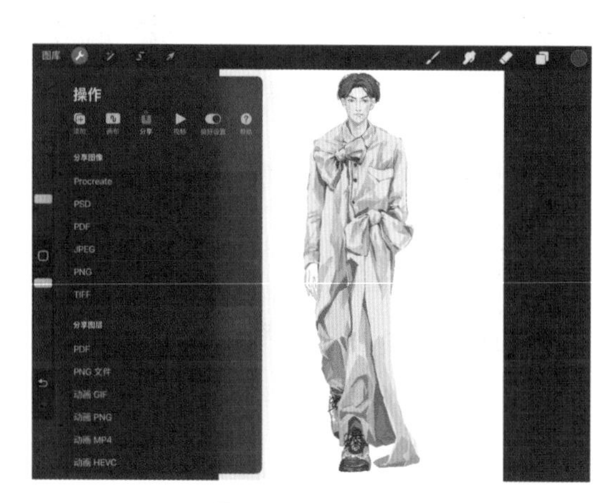

图 1-19　导出和分享

图 1-20　完成图

二、画笔工具的运用

在Procreate中，画笔工具是创作的关键，它提供了广泛的自定义选项，使艺术家和设计师能够模拟各种传统和数字绘画效果。

（1）选择画笔。在Procreate的画笔库中，用户可以浏览并选择多种预设画笔，这些画笔模拟了不同的物理画笔特性，如铅笔、毛笔、油画刷等（图1–21）。

用户还可以创建自定义画笔或导入外部画笔。

（2）调整画笔参数。调整画笔的“大小”来改变线条的粗细（图1–22）。

通过“不透明度”控制画笔的透明程度，实现不同层次的叠加效果；“流量”或“湿度”选项可以模拟真实画笔的墨水流动感；调整“压力”“倾斜”和“旋转”等参数，并配合Apple Pencil使用，可以实现更加自然的绘画体验（图1–23）。

（3）绘画技巧。不同的画笔和参数组合来尝试不同的绘画风格。

通过调整手指或触控笔在屏幕上的移动速度，可以控制线条的流畅度和粗细变化（图1–24）。

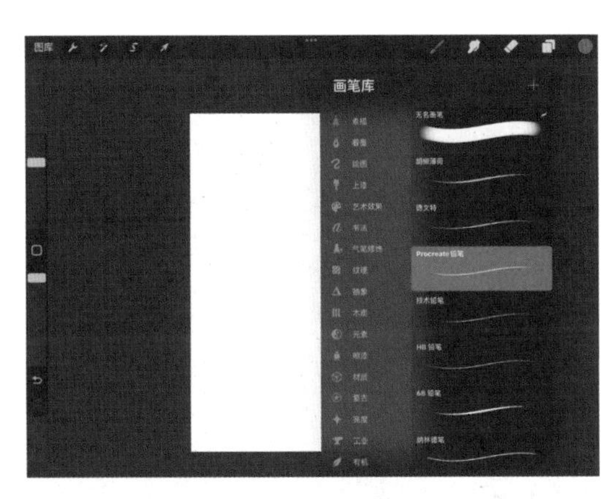

图1–21　选择画笔

图1–22　调整画笔大小

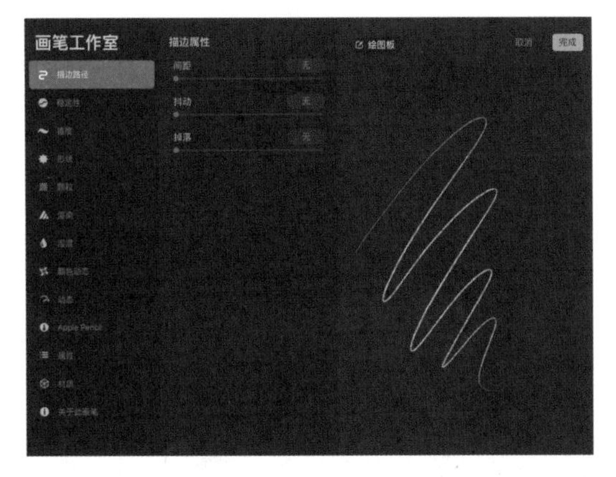

图1–23　调整参数

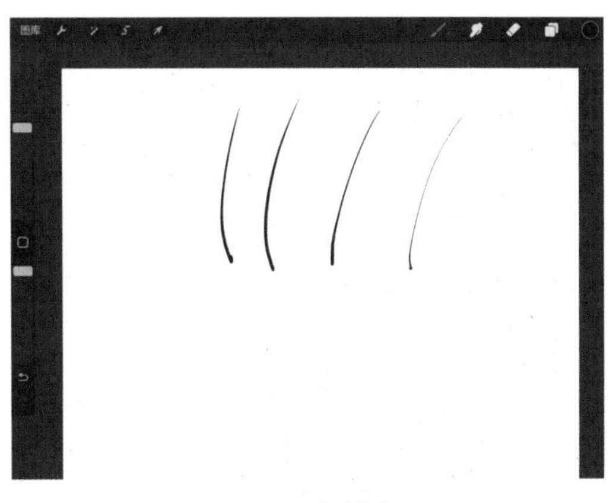
图1–24　控制粗细

利用图层的特性，可以在不同图层上绘制线条和色彩，便于后期的编辑和修改（图1–25）。

（4）创建自定义画笔。用户可以根据自己的需求，从现有的画笔出发创建新的画笔类型。

调整画笔的形状、纹理、颗粒感等属性，以获得独特的绘画效果。

绘制出想要的图案后点击图层—拷贝—点击笔刷—“+”—形状—编辑—拷贝—完成（图1–26～图1–29）。

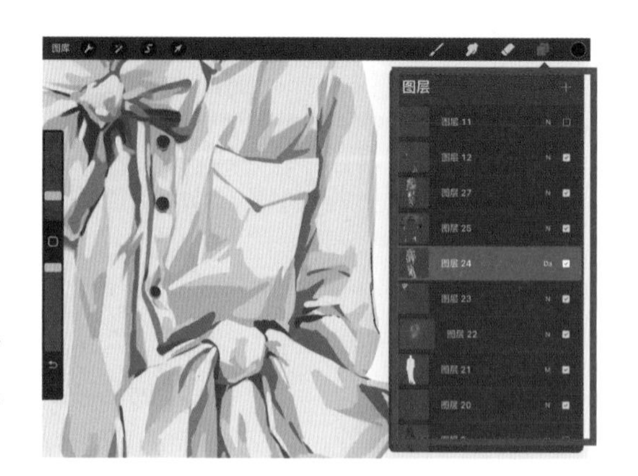

图1–25　图层运用

（5）快捷操作。利用双指或三指在画布上进行手势操作，可以快速撤销、重做或切换不同的视图模式。

通过单击和长按画布上的工具图标，可以快速访问常用的绘画功能和设置选项。

（6）与其他工具结合使用。画笔工具可以与Procreate其他功能（如选区工具、变形工具、色彩调整工具等）结合使用，以实现更复杂的绘画和设计任务（图1–30、图1–31）。

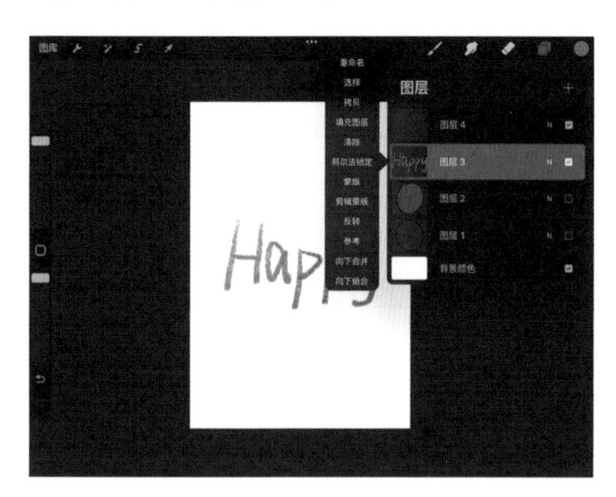

图1–26　画笔形状

图1–27　制作画笔

图1–28　调整参数

图1–29　画笔完成

图 1-30 选区工具

图 1-31 色彩调整工具

三、文字工具的使用

在Procreate中使用文字工具相对直观和简单。以下是使用Procreate文字工具的基本步骤。

（1）打开文字工具。进入Procreate的画布界面后，打开扳手图标—添加—添加文本（图1–32）。

（2）创建文本框并开始输入。点击画布上的任意位置，会出现一个文本框，用户可以直接在文本框内输入文字。

如果使用的是Apple Pencil，也可以通过手写的方式输入文字（图1–33）。

（3）编辑文字属性。选中文本框后，点击右边Aa，在选项栏中，用户可以调整文字的字体、字号、字重、颜色等属性。还可以更改文字的排列方式、字距、行距等设置（图1–34）。

（4）移动和调整文本框。文本框可以通过拖拽移动到画布上的任何位置。用户还可以根据文字内容的多少调整文本框的大小。

（5）文本图层管理。输入的文字会自动形成一个独立的图层，在图层列表中可以看到它。用户可以通过图层列表对文本图层进行隐藏、显示、锁定、

图 1-32 打开文字工具

图 1-33 创建文本

删除等操作。用户如果需要编辑文本，只需点击对应的文本图层，然后进行编辑即可（图1–35）。

（6）高级文本编辑。对于更复杂的文本编辑需求，如添加描边、阴影、3D效果等，可以通过图层样式或Procreate的其他高级功能来实现（图1–36、图1–37）。

图1-34 编辑文字属性

图1-35 文本图层

图1-36 高级文本编辑

Soft Sage
BRUSHER
Wild Orchid
LEMON TUESDAY
Venetian Red
WILD YOUTH
BERMUDA BLUE
SUMMER HEARTS
Mint Julep
JULIAN
Boysenberry
RAGE ITALIC
Rosario Ridge
SELIMA
Modest Silver
BEACON
Royal Blue
ATMOSPHERE SCRIPT
FOREST GREEN
RUSTICO
IVORY
MAZAK
Pale Sunshine
SALTED MOCHA
Pink Peony
MISTRAL
Frosted Tulip
QUITE CHOCOLATEY
Swiss Almond
FLOW
LEMON PEARL
BRUSS
Spring Sky
SWEET ABOUT
Violet Rose
BELLIGERENT MADNESS
BUBBLI CITY
FONT FAMILY
BY CKYBE'S CORNER
SIX·STYLES·SIX·STYLES·
6

图 1-37　文本展示

四、灵感版的制作及案例赏析

在Procreate中制作灵感板是一个很好的收集和整理设计灵感的方式。以下是一个基本的步骤指南，帮助用户在Procreate中制作灵感版。

（1）新建画布。打开Procreate。选择“+”按钮来创建一个新的画布。根据用户的需要设置画布的尺寸和分辨率。用户可以选择一个较大的尺寸，以便能够容纳多个灵感图片。但是需要考虑图层数目（图1-38）。

（2）导入图片。一种方法是使用操作—添加—插入照片从相册中选择图片。另一种方法是通过拖拽和放置相册中的图片（图1-39）。

（3）排列和编辑图片。使用Procreate的变换工具来调整每个图片的大小、位置和旋转角度（图1-40）。

用户可以通过捏拉手势来缩放图片，通过拖拽来移动图片，或者使用双指旋转来调整图片的方向。还可以使用裁剪工具来裁剪图片，或者使用调整工具来改变图片的亮度、对比度和饱和度等（图1-41）。

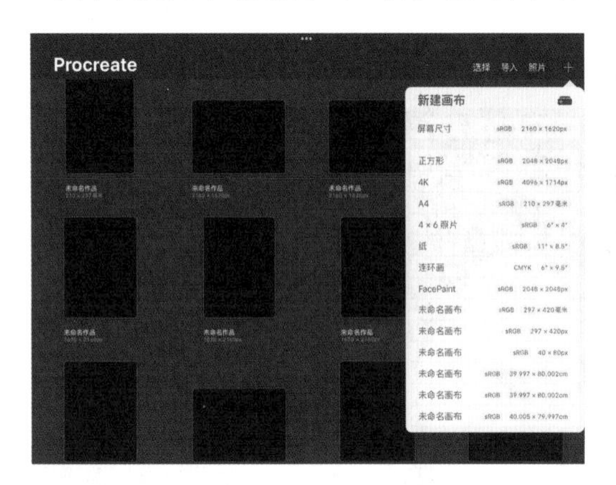

图1-38 新建画布

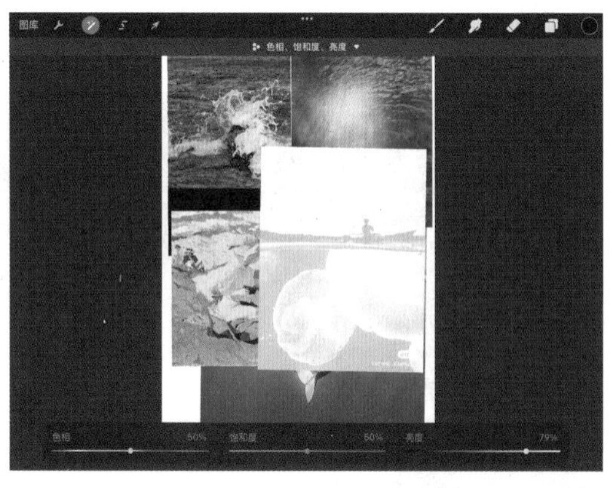
图1-39 导入图片

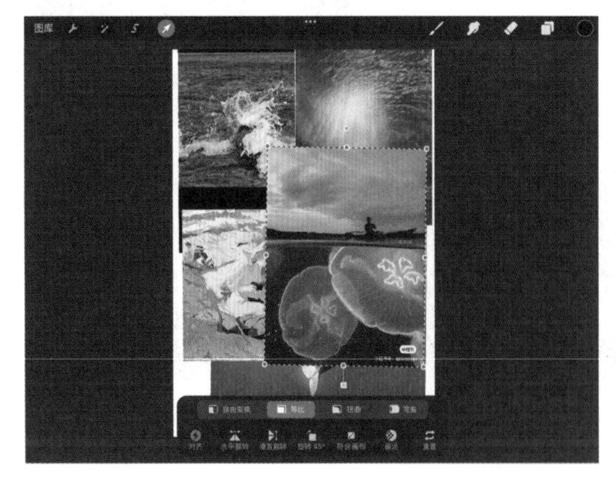
图1-40 排列图片

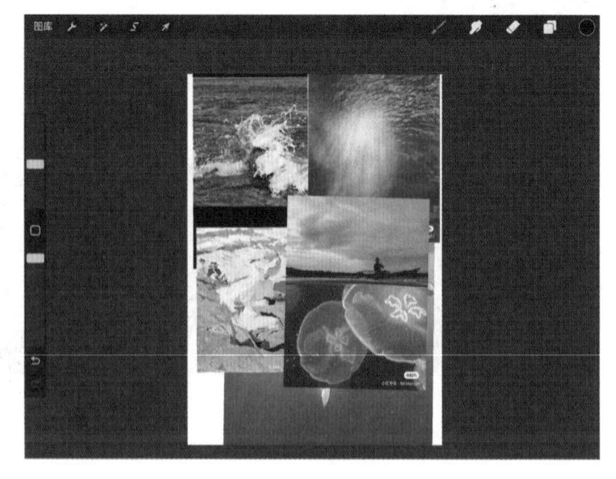
图1-41 编辑图片

（4）添加文字和注释。使用Procreate的文字工具来添加标题、文字说明或注释到灵感版上。并且选择合适的字体、大小和颜色，以确保文字与背景

图 1-42 添加文字

图片相协调且易于阅读（图 1-42）。

（5）创建图层和分组。利用Procreate的图层功能制作灵感版。用户可以为每个图片或文字创建一个独立的图层，或者将它们分组到一个图层文件夹中。图层允许独立地编辑每个元素，且不会影响到其他元素（图1-43、图1-44）。

（6）导出和分享。当完成灵感版的制作后，可以选择导出为图片文件（JPEG或PNG格式）或PDF文件，以便在其他设备或应用程序中查看和分享（图1-45、图1-46）。

（7）更新和完善。灵感版是一个持续更新的过程。随着用户不断地发现新的灵感和素材，并且随时将它们添加到灵感版中，灵感版会越来越丰富。也可以在Procreate中创建多个灵感版，根据不同的项目或主题进行组织和分类。

通过以上步骤，可以在Procreate中制作一个整洁、有序且富有创意的灵感版，帮助用户随时记录和查找设计灵感。

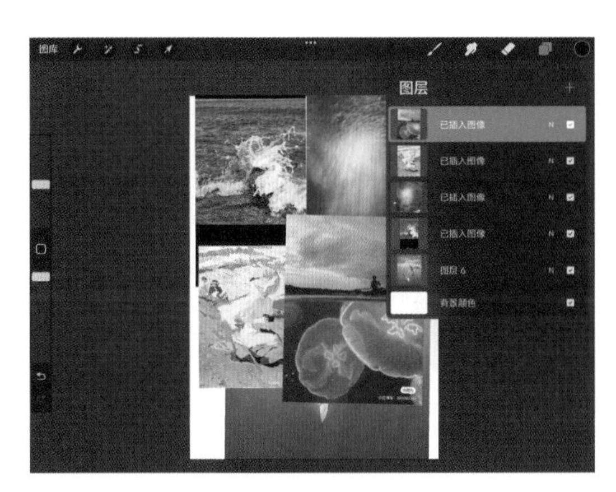

图 1-43 创建图层

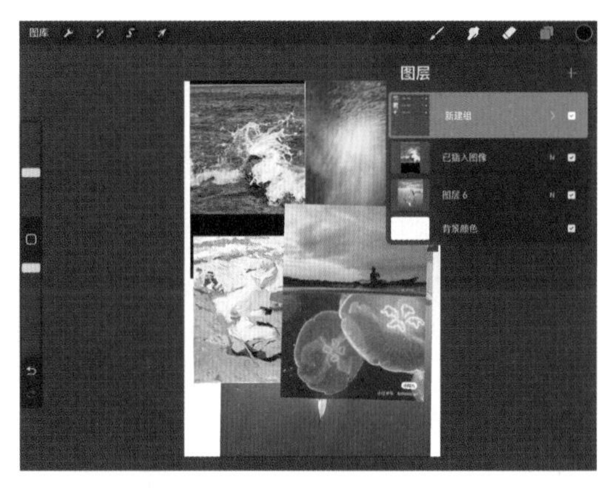

图 1-44 添加分组

图 1-45 导出

图 1-46 完成图

第三节 服装效果图人体表现技法

在绘制人体整体与比例时，以下是一些关键的注意事项。

（1）基本比例。掌握基本的人体比例对于绘制逼真的人物效果至关重要。一般来说，成年人的身体可以分为七个半到八个头长的比例。当然，这只是一个基本的参考，实际比例可以因个人喜好、风格或特定文化背景而有所不同。

（2）身体结构。了解人体的骨骼和肌肉结构可以帮助你更准确地绘制人物。例如，肩胛骨的位置、骨盆的倾斜、脊柱的曲线等都是需要注意的关键点。

（3）姿势与动态。人体的姿势和动态对于传达情感和故事背景至关重要。注意观察真实生活中人们的站立、坐下、行走等动作，并在绘画中重现这些自然的姿态。

（4）对称与平衡。虽然人体在理论上是对称的，但在实际绘制时完全对称可能会显得僵硬和不自然。因此，在保持人体重心整体平衡的同时，一些微妙的不对称可以使人物更加生动和真实。

一、人体整体与比例绘制——比例对齐等功能

在服装效果图中，为了突出服装的效果，可以适当拉长人体的比例，但也要注意不能过度变形。一般来说，正常的人体比例大约是7到7.5个头长（从头顶到脚底的长度）。然而，在时尚插画和服装效果图中，人体比例经常被拉长到8个头长或更多，以营造更加优雅和理想化的形象。有些设计师甚至可能会拉长到9个或10个头长，但这种情况通常出现在高级时装或概念性设计中（图1–47 ~ 图1–49）。

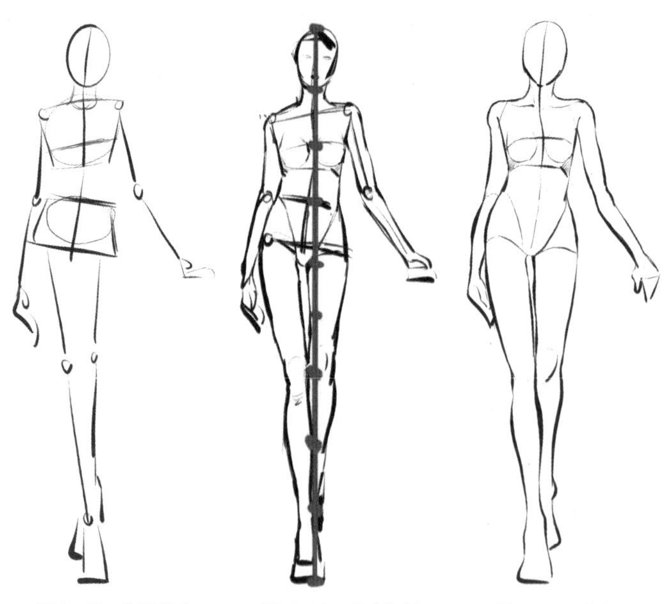

图 1–47 绘制草图　　图 1–48 确定比例　　图 1–49 完成图

拉长人体比例时，要注意保持人体的自然和谐感，避免过度拉长导致人体看起来不自然或失真。同时，拉长的比例应该与服装的款式和设计理念相协调，以突出服装的线条美感和整体效果。

二、人体姿势与重心关系

人体的姿势决定了人体重心的位置，而人体重心的位置又反过来影响着人体的平衡和稳定性。在不同的姿势下，人体的重心位置会发生变化，因此保持平衡就需要不断地调整人体姿势和重心。

例如，在站立姿势中，人体的重心一般位于腰部，通过双腿的支撑和身体的微调来保持平衡。当身体前倾或后仰时，重心位置会相应前移或后移，这时就需要通过调整腿部和躯干的肌肉张力来重新获得平衡。

在动态姿势中，如行走、跑步或跳跃等，人体的重心会不断移动，需要通过不断调整身体姿势和肌肉张力来保持平衡。在这些情况下，重心的移动轨迹和速度对于维持动态平衡至关重要（图 1–50 ~ 图 1–53）。

图 1–50 右 1/2 侧面人体

图 1–51 背面人体

图 1–52 左 3/4 侧背面人体

图 1–53 3/4 正面人体

三、头部比例与五官绘制

在绘制头部比例与五官时，需要注意以下两点。

（1）头部比例。头部的长度可以大致分为三等份，从发际线到眉毛、从眉毛到鼻底、从鼻底到下巴。头部的宽度一般来说，颧骨的宽度较大，超过颅顶的一半以上。在绘制时，要注意头部的比例关系，以确保整体协调。

（2）五官位置。五官的位置在头部上也有一定的规律。眼睛位于头部高度的1/2处，两只眼睛之间的距离大约为一个眼睛的宽度。鼻子位于眼睛和下巴的中间位置，鼻翼的宽度与眼睛的内眼角相对齐。嘴巴位于鼻子的下方，耳朵位于头部的两侧（图1–54～图1–57）。

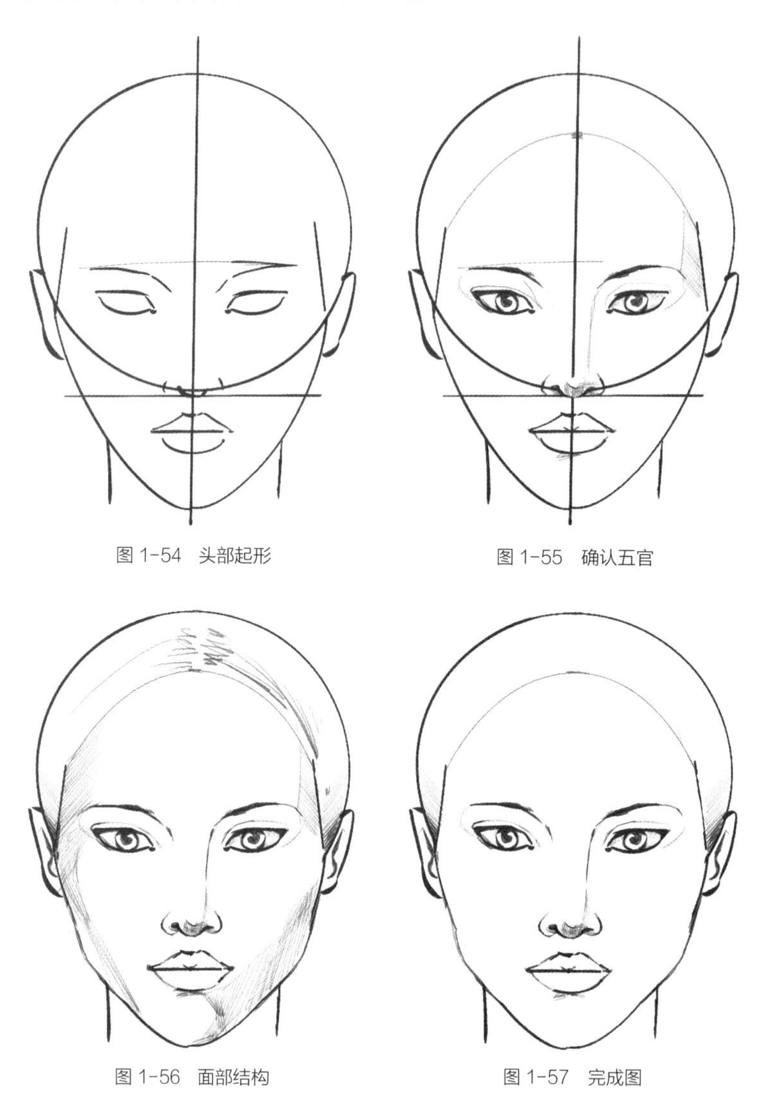

图1–54　头部起形

图1–55　确认五官

图1–56　面部结构

图1–57　完成图

四、人体四肢与动态绘制

四肢的长度应该与躯干比例相协调。一般来说，手臂从肩膀到肘部，再从肘部到手腕的长度是相等的；而腿从髋部到膝盖，再从膝盖到脚踝，也是大致相等的。但这些比例可以因个人喜好和时代不同而有所调整。在绘制四肢时，要考虑到肌肉和骨骼的自然形态。例如，大腿和小腿的肌肉线条、手臂的肱二头肌和肱三头肌等都需要适当表现，以呈现出真实的人体结构效果（图1–58～图1–60）。

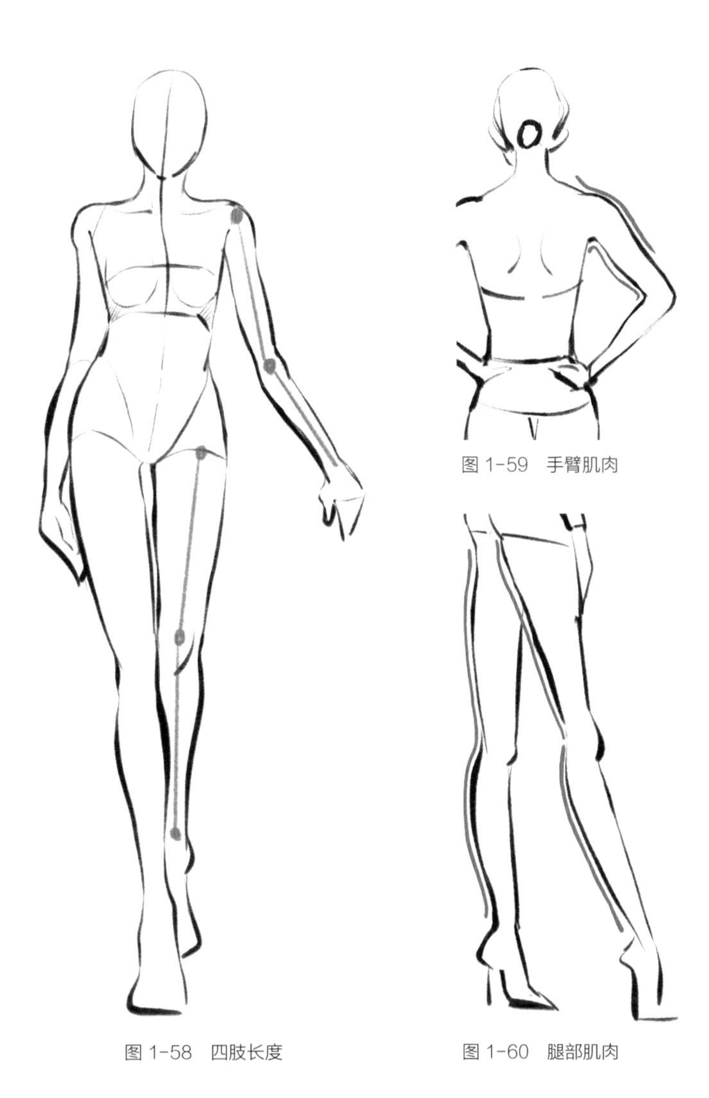

图 1-59 手臂肌肉

图 1-58 四肢长度

图 1-60 腿部肌肉

五、细节塑造

运用Procreate进行细节塑造可以更好地表现人体效果，使用时需遵循以下步骤和技巧。

（1）理解基本人体结构。设计师需要对人体结构有基本的了解，包括骨骼、肌肉和脂肪的分布。

（2）使用参考图像。找一些高质量的人体参考图像，可以是照片或者其他艺术家的作品。这些图像将帮助设计师更好地理解人体的动态和姿势。

（3）轮廓与比例。在Procreate中，使用简洁的线条先勾勒出人体的基本轮廓和比例，并且确保头部、躯干和四肢的比例协调（图1–61）。

（4）细化线条。如果对基本轮廓感到满意，就可以开始细化线条。设计师可以使用更细的笔刷来描绘出人体的细节，比如肌肉的线条、关节的凸起等（图1–62、图1–63）。

图 1-61 起草　　图 1-62 细化线条　　图 1-63 刻画细节

（5）注意动态与姿势。人体的动态和姿势对于线稿的整体效果至关重要。需确保模特看起来自然、舒适，并且与服装的风格相协调。

（6）刻画五官与发型。五官和发型是人体的重要特征，需要仔细刻画。注意眼睛、鼻子、嘴巴和耳朵的位置和形状，以及头发的质感和流向（图1-64）。

（7）服饰细节。根据设计理念，添加适当的褶皱、纹理和图案，以增强服装的立体感和层次感。

最后，对线稿进行调整和优化。检查比例是否协调、线条是否流畅、细节是否完善。还可以使用Procreate的液化工具对线条进行微调（图1-65、图1-66）。

图 1-64 五官细化

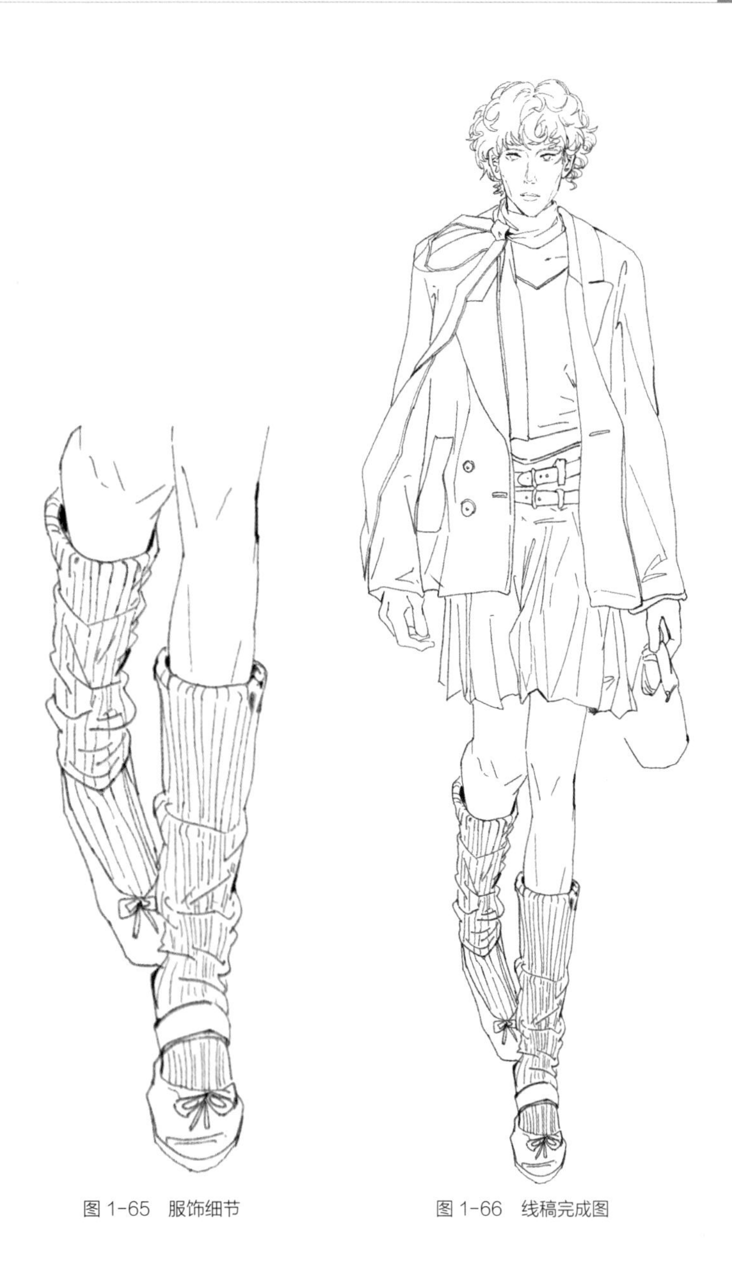

图 1-65 服饰细节　　图 1-66 线稿完成图

第四节 服装效果图基础表现技法

基础表现技法在Procreate软件中可以通过各种工具和功能来实现。例如，可以使用不同的画笔来模拟各种面料质感，通过调整色彩和光影来表现立体感和氛围，以及利用图层和蒙版等功能来细化服装的细节和工艺。同时，掌握这些技法也需要不断地实践和学习，设计师可以通过参考各种优秀的服装效果图来提升表现能力。

（1）服装线稿（图1–67）。

图1–67 服装线稿

（2）服装设计表现案例（图1–68）。

图 1–68　表现案例

（3）创意设计。本作品以2024马吉拉秀场为灵感（图1–69）。系列作品跳出传统的框架，夸张地表达旧巴黎时期，在主流社会边缘被称作“异族”人群的外表反叛。传达出一种张扬自我、蔑视世俗的内在个性（图1–70～图1–72）。

图 1–69　灵感来源

图 1-70 创意设计一　　图 1-71 创意设计二

图 1-72 创意设计三

第五节 服装色彩绘制技法

一、铺色

（1）选择铺色笔刷。可以使用平涂笔刷或其他适合的笔刷进行铺色。重要的是要选择能够均匀涂抹颜色的笔刷，以确保画面的整体色调一致（图1-73）。

（2）确定整体色调。在开始铺色之前，需要确定画面的整体色调。这有助于统一画面的风格，并使后续的上色工作更加顺利（图1-74）。

（3）分层铺色。在Procreate中，可以利用图层功能进行分层铺色。首先创建一个新图层，并在该图层上进行大面积的铺色。然后创建更多的图层来添加阴影、高光和细节（图1-75）。

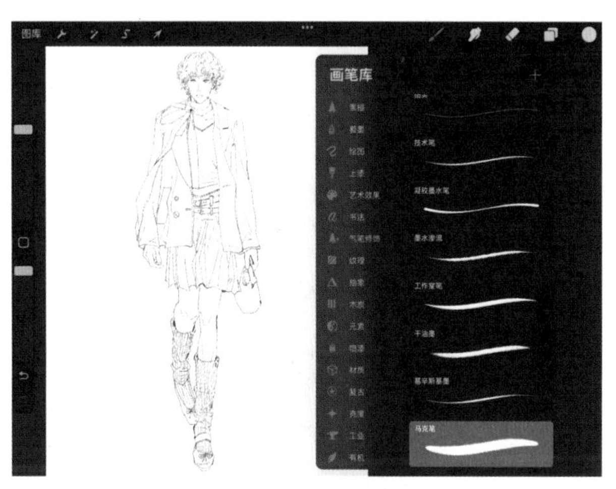

图 1-73 选择铺色笔刷

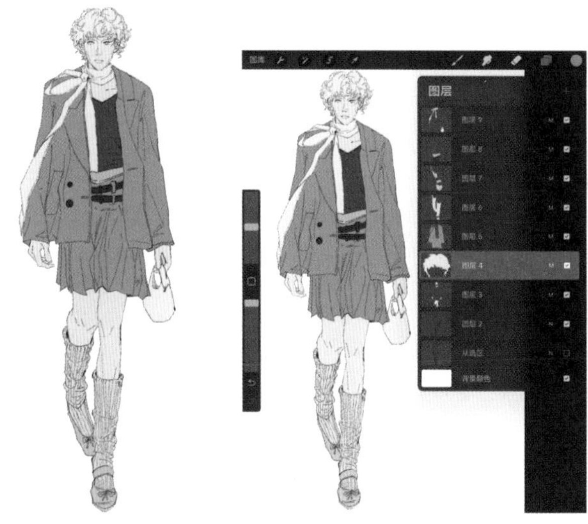

图 1-74 确定整体色调

图 1-75 分层铺色

（4）利用选区工具。Procreate的选区工具可以精确地选择需要铺色的区域。可以避免颜色溢出到不需要的区域，提高铺色的准确性（图1–76）。

（5）合并与调整。铺色完成后，可以合并图层并进行必要的调整。包括调整颜色、明暗关系和对比度等，以使画面更加和谐统一（图1–77、图1–78）。

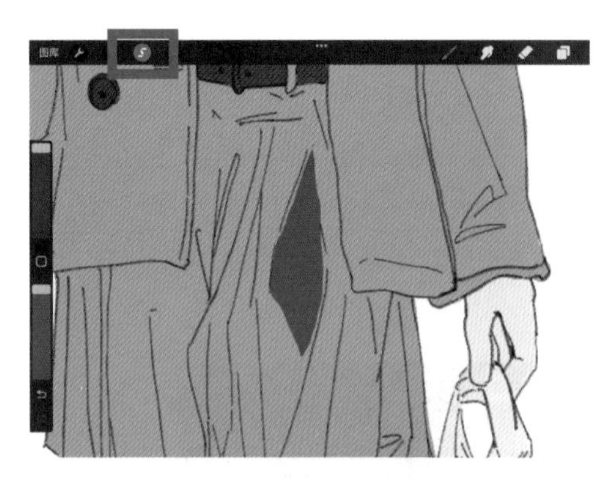

图1–76　选区调整

图1–77　图层合并

图1–78　整体调整

二、颜色叠加

（1）图层混合模式。Procreate 提供了多种图层混合模式，允许在不同图层上叠加颜色。例如，可以尝试使用“正片叠底”“叠加”“滤色”等混合模式，以达到不同的颜色叠加效果（图1–79）。

（2）画笔设置。在画笔设置时，可以调整画笔的不透明度和流量，以控制颜色的叠加效果。降低不透明度或流量可以使颜色更加透明，从而实现更自然的颜色叠加效果（图1–80）。

（3）使用剪贴蒙版。在Procreate中，使用“剪贴蒙版”功能在特定图层上叠加颜色，而不会影响到其他区域。可以在已有颜色的基础上进行颜色叠加，并且新颜色不会出现溢出的情况（图1–81）。

（4）涂抹工具。Procreate的涂抹工具可以实现更自然的颜色过渡和混合。可以在画布上涂抹颜色，使其与其他颜色自然融合（图1-82）。

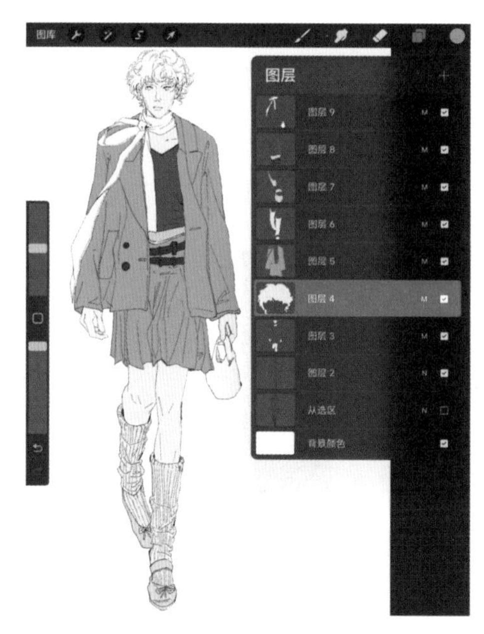

图1-79　图层混合模式

图1-80　调整画笔

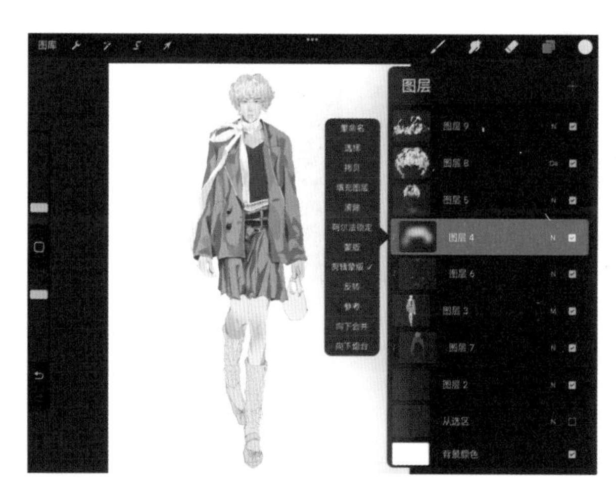

图1-81　剪贴蒙版

图1-82　涂抹工具

三、特殊色彩、激光

（一）特殊色彩

选择或创建自定义色彩。打开调色板，选择或混合出需要的特殊色彩。Procreate支持使用色轮、RGB滑块或HEX代码等方式来精确选择颜色。

（二）镭射

（1）创建新画布。打开Procreate，创建一个新的画布（图1–83）。

（2）填充颜色。将想要变成激光效果的区域用灰色填充（图1–84）。

（3）添加颜色。新建图层—剪辑蒙版—添加颜色—涂抹工具，在新图层上画出想要的颜色，并用涂抹工具柔和边缘（图1–85）。

（4）液化效果。选择液化工具，对杂色进行变形和调整（图1–86）。

（5）调整曲线。调整曲线达到激光效果（图1–87、图1–88）。

图1-83　新建画布

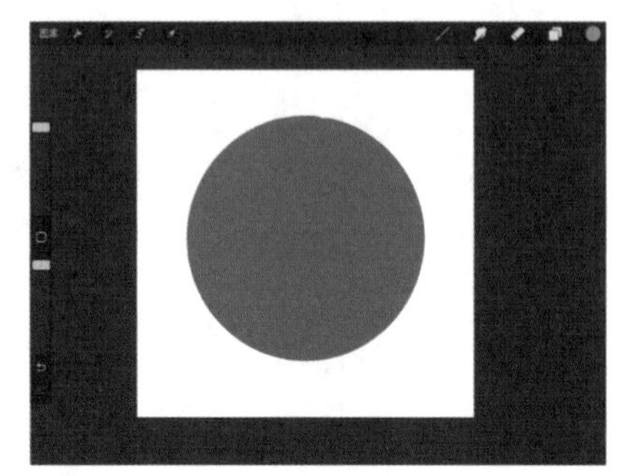

图1-84　灰色填充

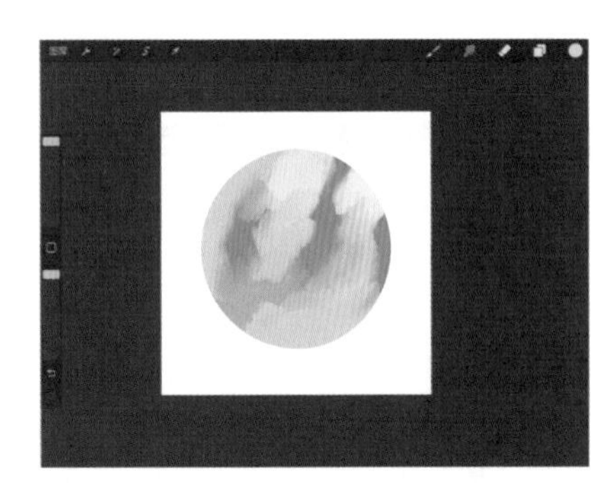

图1-85　添加颜色

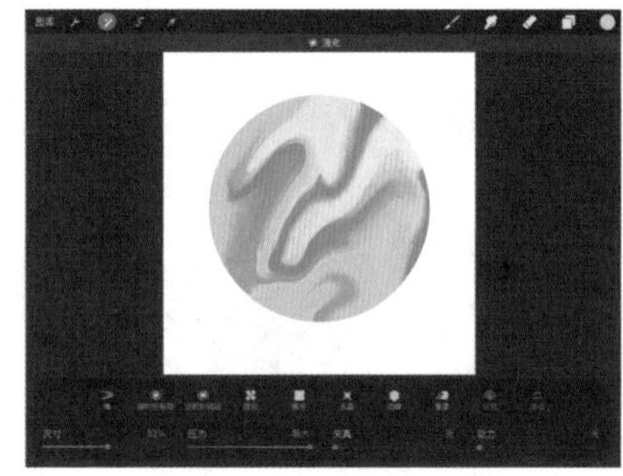

图1-86　液化效果

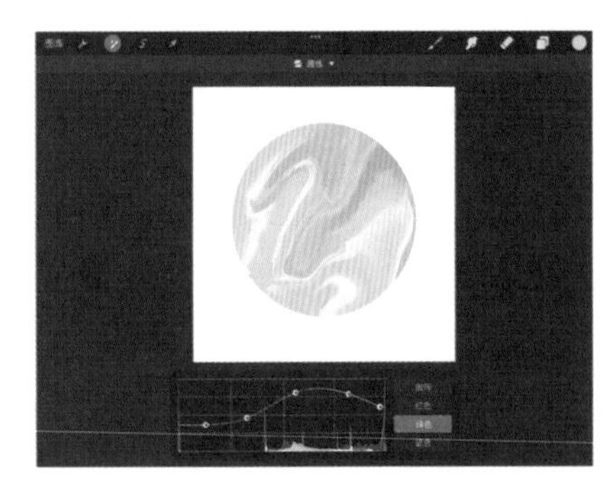

图1-87　调整曲线

图1-88　完成图

四、渐变效果

（1）高斯模糊。渐变区域涂抹渐变的颜色，颜色—调整—高斯模糊（图1–89、图1–90）。

（2）涂抹工具。画出想要渐变的颜色后使用涂抹工具（图1–91、图1–92）。

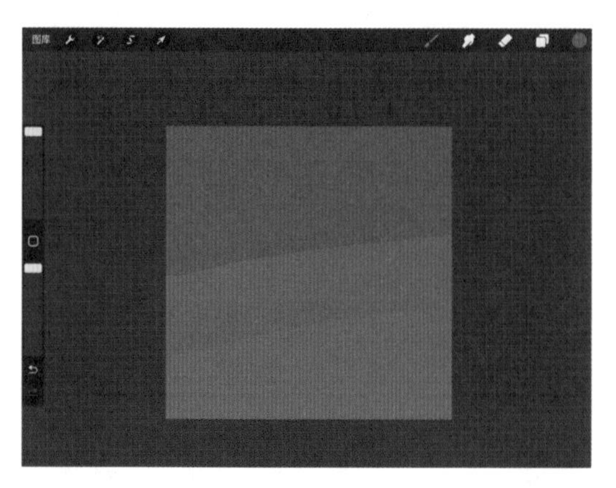

图1-89 添加颜色

图1-90 高斯模糊

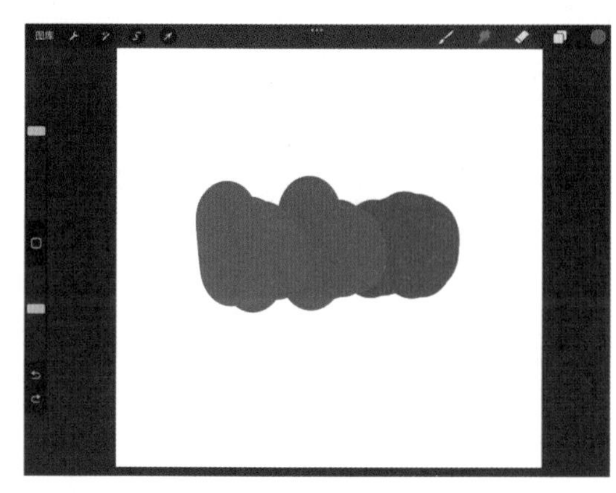

图1-91 添加颜色

图1-92 涂抹工具

第六节 服装材质与肌理技法

（一）面料笔刷的制作方法

（1）增加网格。新建画布，绘图指引，编辑绘图指引，放大网格尺寸（图1–93、图1–94）。

（2）填色。运用选区工具填色，三指向滑动点击复制，笔刷，网格笔刷，右滑动复制（图1–95、图1–96）。

（3）颗粒编辑。编辑网格笔刷，颗粒，颗粒来源，导入，粘贴（图1–97、图1–98）。

图 1-93 新建画布

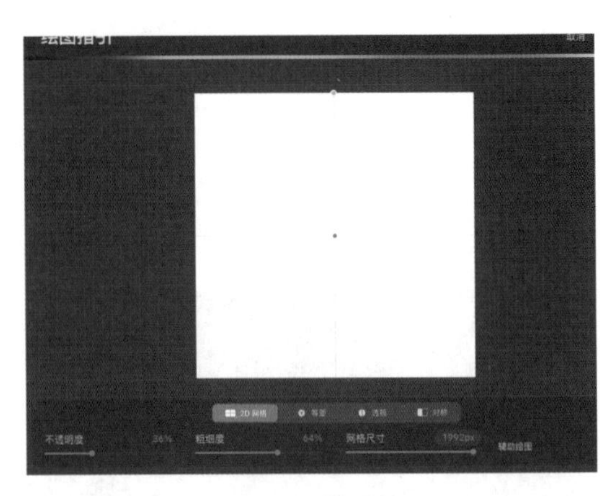
图 1-94 增加网格

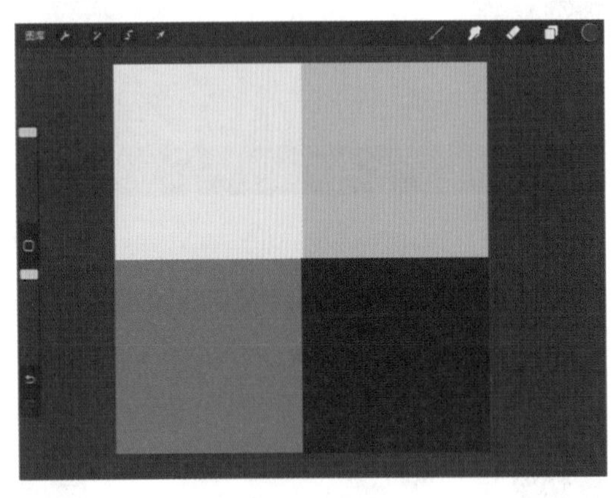
图 1-95 填色

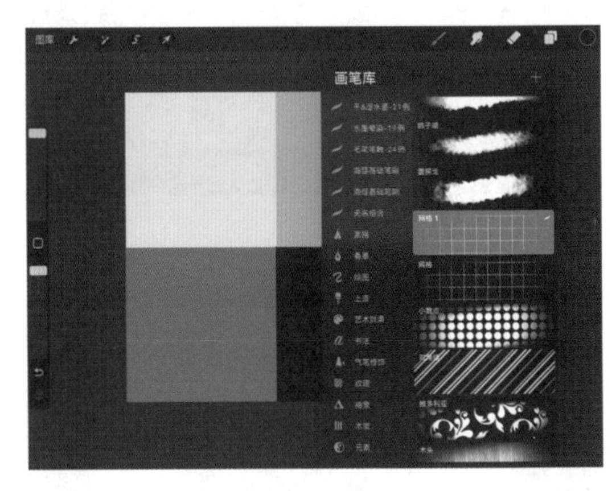

图 1-96 复制笔刷

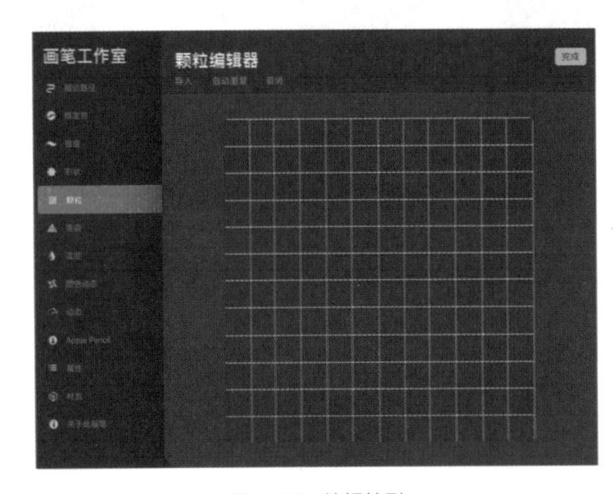

图 1-97 编辑笔刷

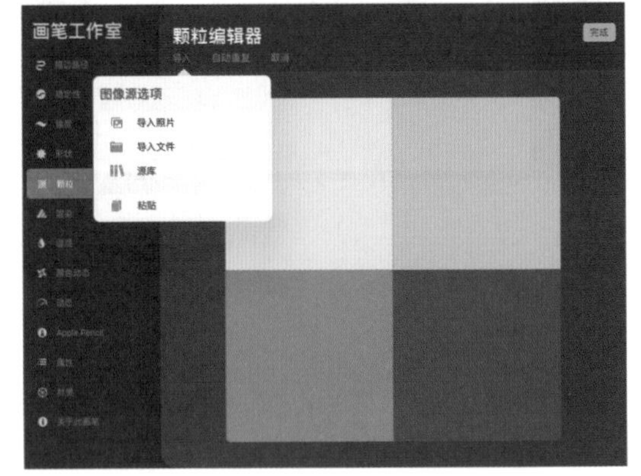

图 1-98 颗粒编辑

（4）纹理化。纹理化，缩小比例（图1–99）。

（5）制作完成。笔刷制作完成，可以修改新笔刷名字（图1–100）。

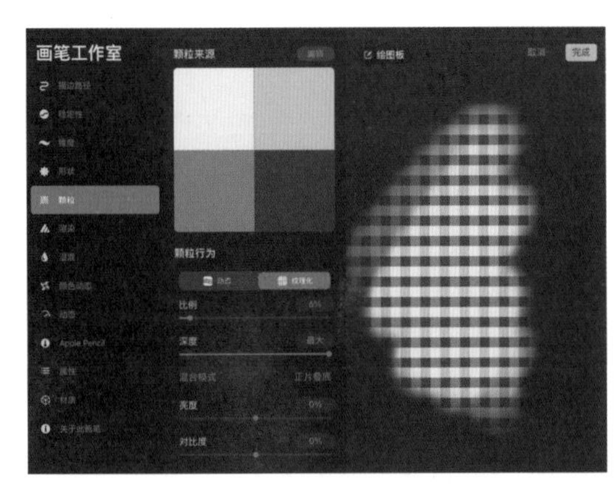

图 1-99 纹理化

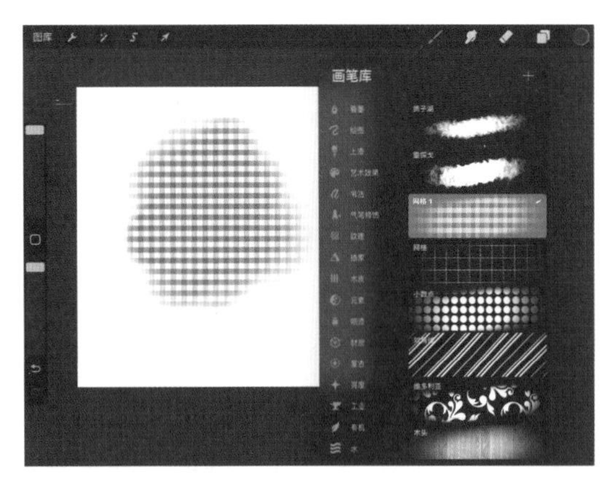

图 1-100 笔刷完成

（二）半透明垂软型面料绘制技法：薄纱

（1）铺色。新建图层，调整图层透明度，薄纱部分铺色（图 1-101）。

（2）颜色叠加。新建图层，正常，透明度 100%，薄纱的褶皱部分颜色叠加（图 1-102）。

（3）绘制完成。薄纱绘制完成，雪纺面料同理（图 1-103）。

图 1-101 铺色

图 1-102 颜色叠加

图 1-103 完成图

（三）半透明垂软型面料绘制技法：蕾丝

（1）肤色填充。绘制好线稿后，蕾丝部分用肤色填充（图1–104）。

（2）改变颜色。画好蕾丝的大概形状，新建图层，剪辑蒙版，改变线稿颜色（图1–105、图1–106）。

（3）添加细节。在肤色图层上新建图层，剪贴蒙版，喷枪，喷出白色渐变，新建图层，正常，添加细节（图1–107）。

（4）绘制蕾丝图案形状。要根据具体的服装形制绘制蕾丝图案形状（图1–108、图1–109）。

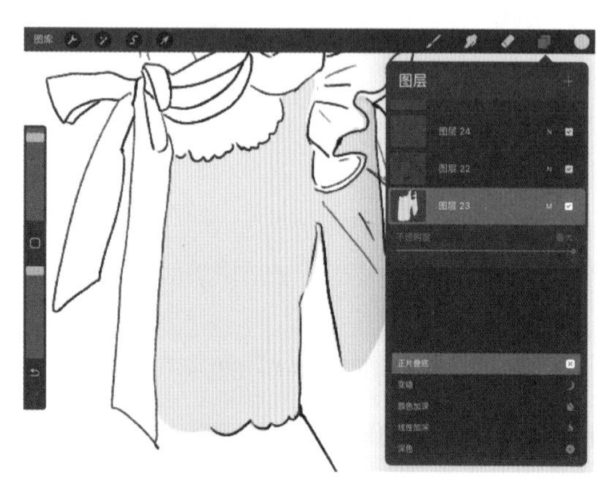

图 1–104 肤色填充

图 1–105 新建图层

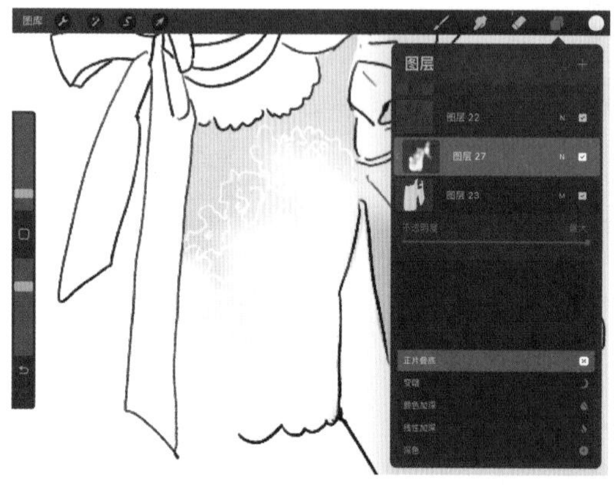

图 1–106 改变颜色

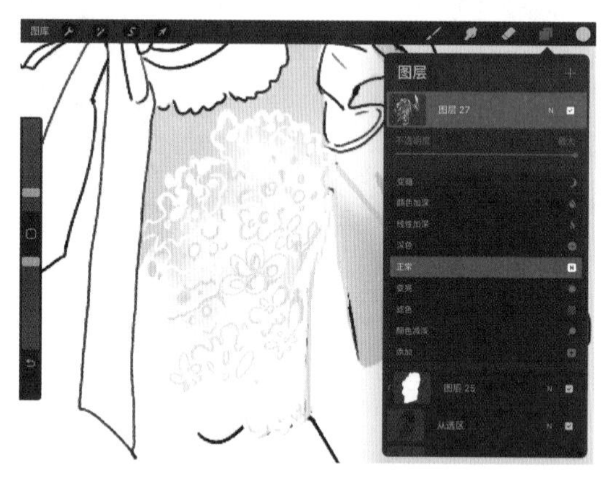

图 1–107 添加细节

图 1–108 蕾丝图案一

图 1–109 蕾丝图案二

（四）垂软型面料绘制技法

（1）铺色。在原线稿上方新建图层，正片叠底，铺色（图1-110）。

（2）添加灰面。新建图层，变暗，铺灰面暗面，添加灰面，增加过渡色（图1-111）。

（3）添加暗面。涂抹工具柔和边缘。

（4）刻画调节。垂软型面料的服装褶皱较多，因此上色时要注意增加过渡色来表达面料的柔软感（图1-112）。

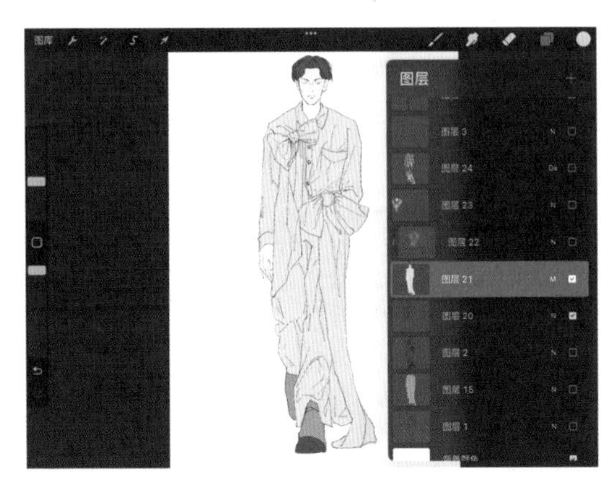

图1-110　铺色

图1-111　添加灰面

图1-112　刻画细节

（五）挺括形面料绘制技法

（1）建立基础色。填充线稿，形成封闭的图形（图1-113）。

（2）添加纹理。使用纹理图层或自定义纹理笔刷来添加牛仔布的纹理。可以在网络上找免费的牛仔纹理图片，或者在Procreate中创建新的纹理（图1-114）。

①将纹理图层设置为“叠加”或“正片叠底”模式，并根据需要调整不

透明度和大小（图1-115）。

②使用橡皮擦工具或蒙版功能调整纹理的位置和强度。

③使用深色画笔在面料的边缘和褶皱处添加阴影，以增加立体感（图1-116）。

④使用浅色画笔在光源方向添加高光，使面料看起来更加光滑和有光泽。

（3）添加细节。使用白色或浅色的画笔在面料上添加一些缝线和细节，如口袋、纽扣和拉链。

使用不同的画笔和笔触来模拟不同部分的质感，如平滑的缝线和粗糙的牛仔布面料（图1-117）。

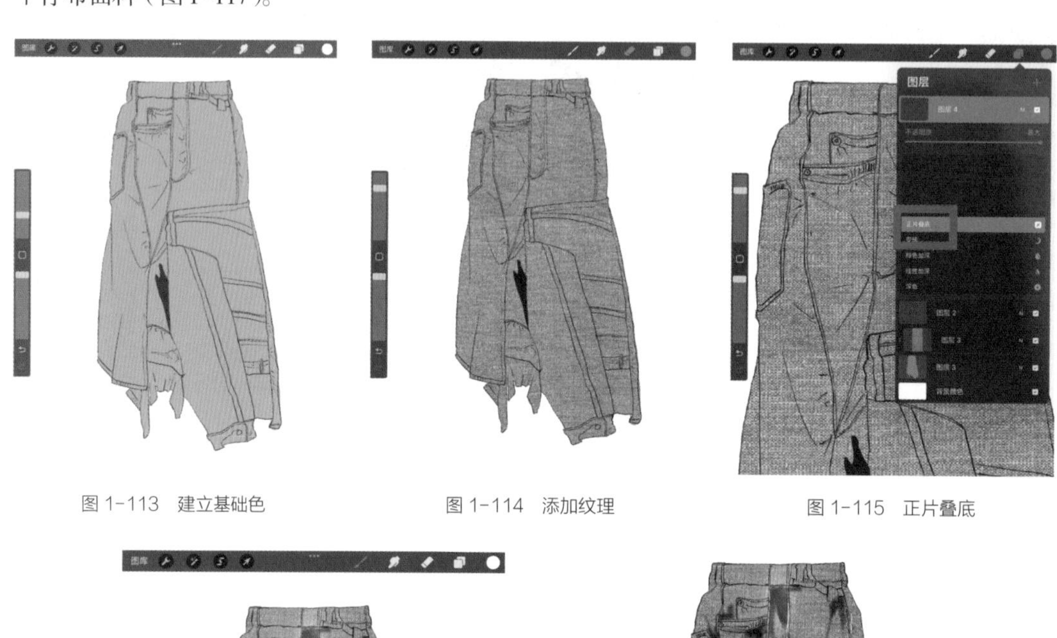

图1-113 建立基础色　图1-114 添加纹理　图1-115 正片叠底

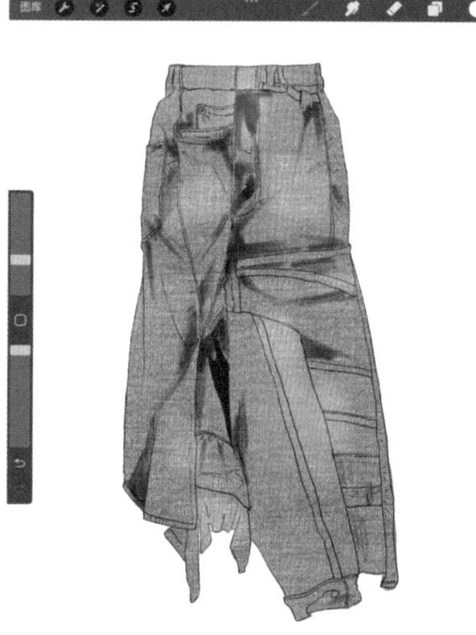

图1-116 添加阴影

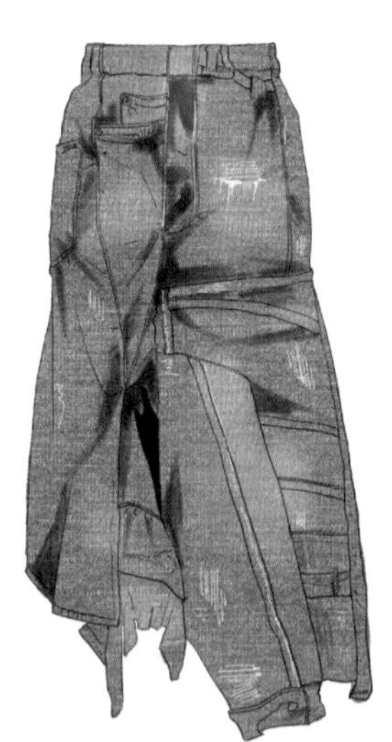

图1-117 添加细节

（六）西装面料

（1）基础色彩填充。新建图层，使用中等气笔工具填充西装的基础颜色。注意要根据西装的材质和颜色来选择适当的颜色（图1-118）。

（2）阴影和高光处理。为了表现西装的立体感和质感，需要在适当的位置添加阴影和高光。阴影部分可以使用较深的颜色进行绘制，而高光部分则可以使用较浅的颜色或白色进行提亮（图1–119）。

（3）光泽感表现。为了增强西装的光泽感，可以在原稿的基础上新建图层，调整混合模式为“添加”，并选择适合的笔刷工具来绘制亮部的光泽感。这可以使西装看起来更加光滑、有质感（图1–120）。

图 1-118 铺色

图 1-119 增加阴影

图 1-120 增加光泽

（七）皮革绘制

（1）铺设底色。在线稿图层下方，选择适当的颜色作为皮革的固有色，并使用填充工具或画笔工具铺设底色。可以尝试用不同的颜色和质感来模拟不同的皮革效果（图1–121）。

（2）区分明暗。根据光源位置，使用渐变工具或画笔工具在皮革上绘制出受光面和背光面。同时，注意绘制出明暗交界线和反光区域，以加强皮革的立体感（图1–122）。

（3）加强材质表现。为了更好地表现皮革的材质特性，可以加强高光和反光区域的绘制。使用白色或浅色的画笔工具在高光区域绘制出明亮的点或线条，以增加皮革的光泽感。同时，注意在反光区域添加适当的颜色和环境光反射效果（图1–123）。

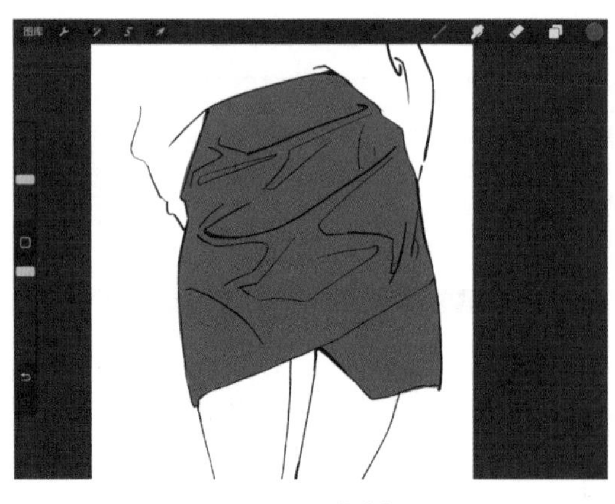

图 1-121 铺底色

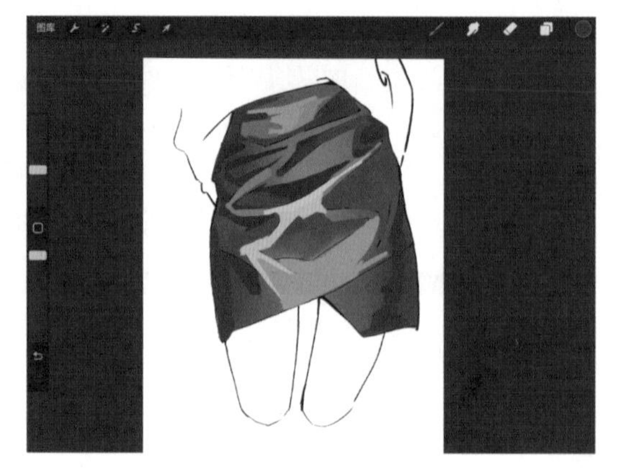

图 1-122 区分明暗

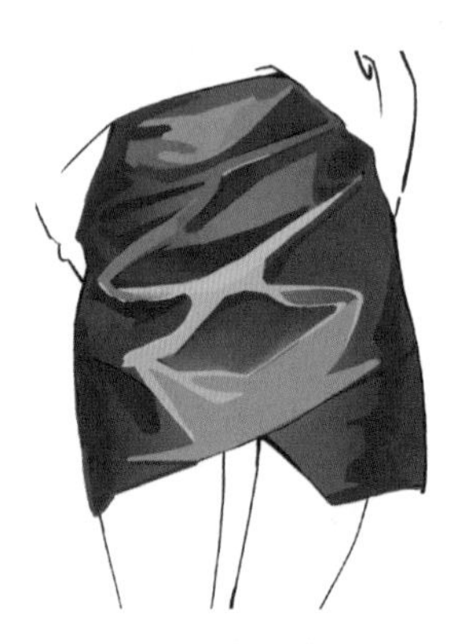

图 1-123 加强材质表现

（八）图案面料的表现：印花、条纹、格子等

1.印花

（1）线稿绘制。首先，使用线稿工具绘制出衣物的大致形状和基本轮廓。线稿应尽可能地精细，以便后续的着色和材质表现（图1-124）。

（2）填充灰底。根据线稿轮廓来填充灰色底，以形成封闭图形（图1-125）。

（3）增加阴影。新建图层—插入印花—剪贴蒙版—增加阴影（图1-126～图1-128）。

图 1-124 线稿

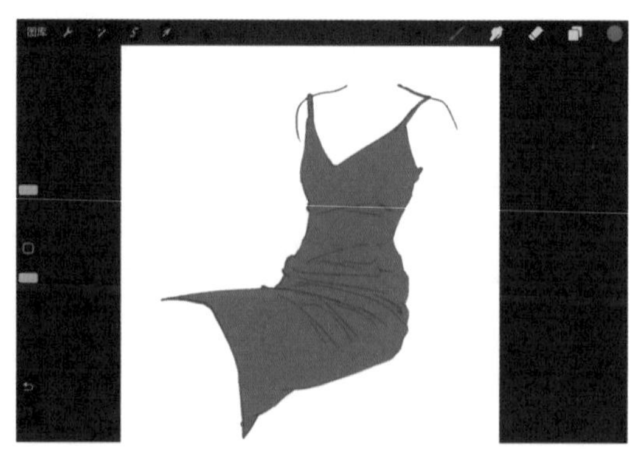

图 1-125 填充灰底

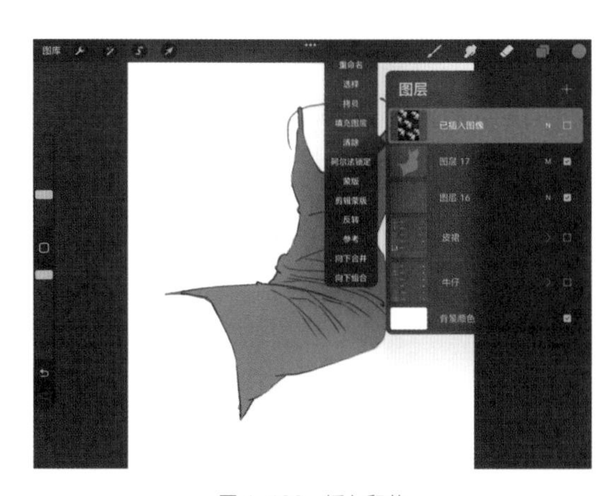

图 1-126 插入印花

图 1-127 增加阴影

图 1-128 完成图

2. 条纹

根据衣服褶皱画出条纹，新建图层，正片叠底，画出阴影（图 1-129 ~ 图 1-131）。

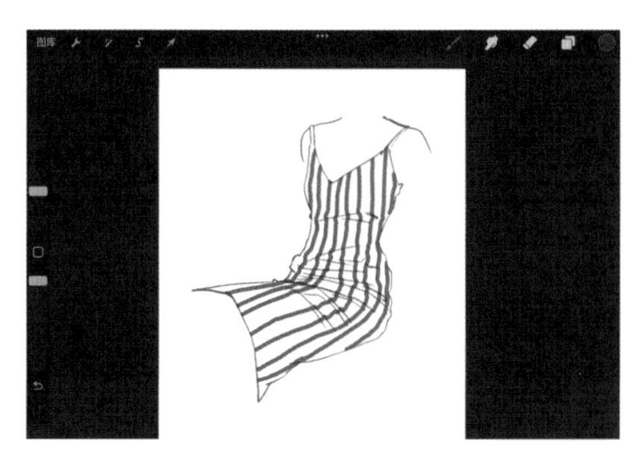

图 1-129 条纹线稿

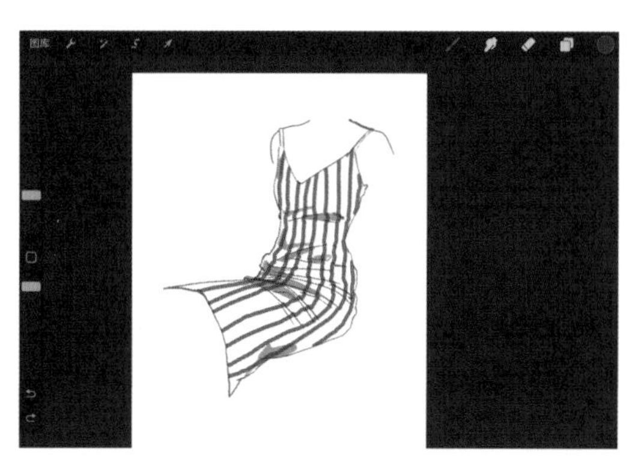

图 1-130 增加阴影

图 1-131 完成图

3. 格子

使用格子笔刷或者格子印花图片来表现格子衣服（图1–132 ~ 图1–134）。

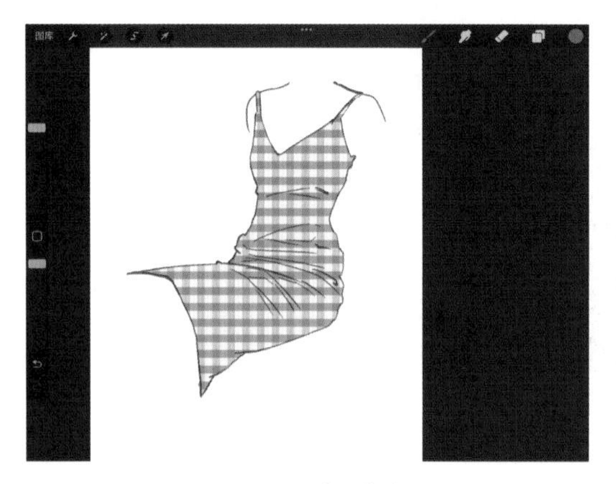

图 1-132 格子线稿

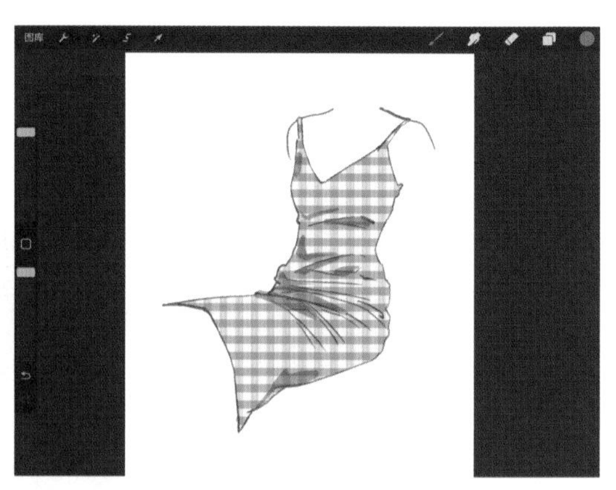

图 1-133 增加阴影

图 1-134 完成图

（九）特殊材质：亮片、皮毛等

（1）亮片。填充衣服固有色，使用质感笔刷增加阴影，使用微云笔刷增加亮片，细节调整（图1–135 ~ 图1–137）。

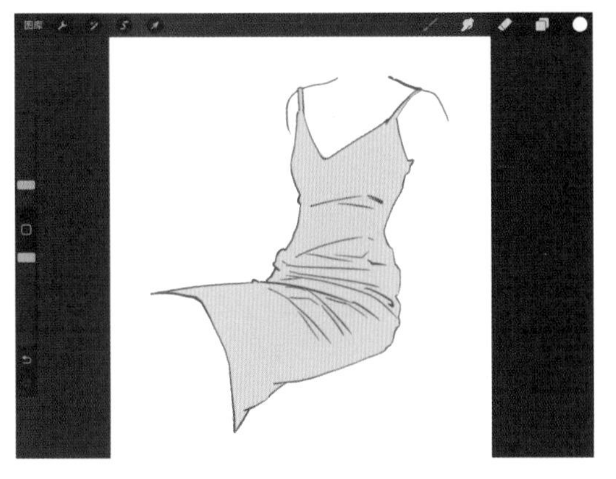

图 1-135 铺色

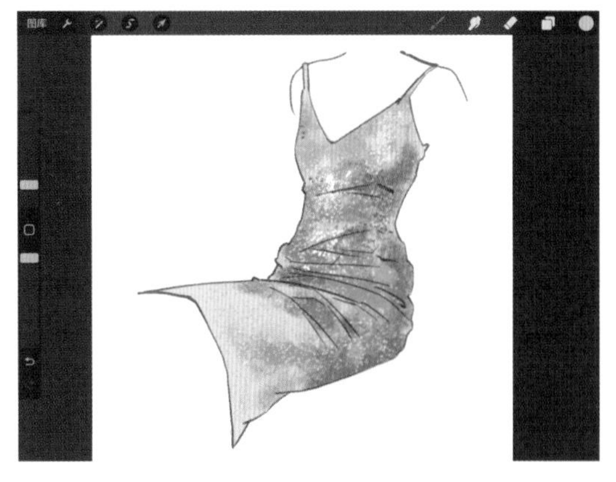

图 1-136 增加质感

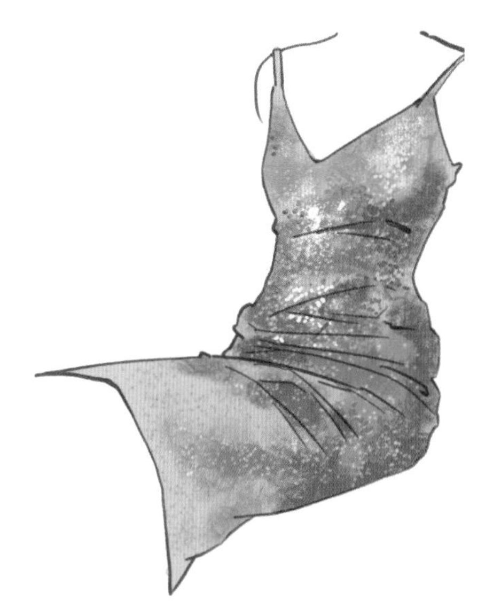

图 1-137 完成效果

（2）皮毛。填充固有色，喷枪工具喷出体积，细节刻画具体阴影（图1-138～图1-140）。

图 1-138 线稿

图 1-139 铺色

图 1-140 刻画细节

第七节 服装配饰绘制技法

（一）首饰

（1）准备线稿。使用铅笔工具绘制出首饰的基本形状和轮廓（图1–141）。

（2）填色。对于金属部分，使用浅灰、中灰、深灰等颜色进行涂色。可以使用喷枪工具进行喷涂，也可以使用硬笔画出轮廓后，使用涂抹工具柔化边缘（图1–142）。

（3）刻画金属质感。为了增强金属的质感，可以使用重灰在棱角处进行刻画，以强调金属的尖锐感受。同时，在浅灰的中间部分，可以再次使用淡灰进行喷涂，以模拟金属的光泽感（图1–143、图1–144）。

图 1-141 线稿

图 1-142 填色

图 1-143 刻画

图 1-144 增加细节

（二）包饰

填色，绘制纹路和样式，增加灰面，加深暗面（图1-145～图1-147）。

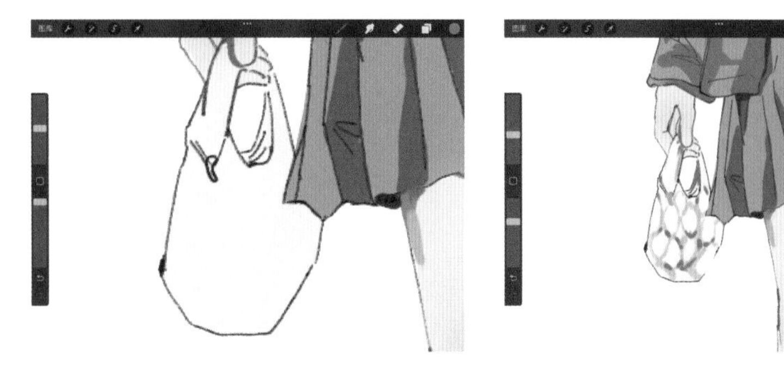

图 1-145　铺色　　图 1-146　增加细节

图 1-147　增加灰面

（三）鞋

铺色、绘制亮面暗面、增加材质细节（图1-148、图1-149）。

图 1-148　线稿

图 1-149　增加材质细节

第八节 综合展示

综合效果展示（图1-150～图1-154）。

图 1-150 日式风效果图

图 1-151 洛丽塔效果图

图 1-152 法式效果图

图 1-153 复古风效果图

图 1-154 休闲风效果图

第二章

Illustrator 在服装设计中的应用

教学目标：

通过介绍Illustrator软件在服装设计中的应用，使学生掌握矢量图形设计工具在服饰品款式图绘制中的方法，理解其在精确设计表达中的作用。

教学内容：

1. 基础操作与界面布局
2. 矢量图形的创建与编辑
3. 服装款式图的精确绘制
4. 服装款式造型手册

教学课时：16课时

教学重点：

1. Illustrator在服装款式图绘制中的精确性
2. 服饰品款式造型的多样性表达

课前准备：

1. 安装Illustrator软件，并熟悉界面
2. 收集不同款式的服饰品矢量图形

Illustrator作为一款强大的矢量绘图工具，不仅能够帮助设计师精准地绘制出服装的款式和细节，还能够轻松地调整颜色、面料和纹理，使设计更加生动逼真。通过Illustrator，设计师可以快速地将创意转化为可视化的图形，便于团队之间的沟通和修改。此外，Illustrator的高度兼容性和可编辑性也使得它在服装设计的各个环节中都能发挥巨大的作用，从初步构思到最终成品展示，都可使用这款强大的设计软件。

第一节　基础操作与界面布局

Illustrator的基础操作与界面布局（图2-1）为设计师提供了一个高效且直观的工作环境。其界面通常分为菜单栏、工具栏、状态栏、画板和工作区等几个主要部分，每个部分都承载着特定的功能。

通过菜单栏，设计师可以访问各种命令和设置；工具栏则提供了丰富的绘图和编辑工具，帮助设计师快速完成各种设计任务；画板是设计师展示创意的画布，可以根据需要调整画板的大小和数量；工作区是设计师进行实际操作的区域，可以自由地移动、缩放和旋转设计元素。熟悉这些基础操作和界面布局，对于提高设计效率和创作质量至关重要。

图2-1　界面布局

一、工具栏基础工具讲解

（1）选择工具。可以通过拖动或单击来移动对象（单个或多个对象），并通过和键盘结合实现复制、缩放和旋转功能。

（2）钢笔工具。单击时，点与点之间会有线段相连；单击后按住鼠标左键进行拖拽，路径则变为曲线。此时锚点的两侧有两个手柄调节角度，调节单侧的手柄可以按Alt键点击手柄进行拖拽（图2-2）。

图2-2 钢笔工具

（3）形状工具。绘制图形常用工具有矩形工具、椭圆工具、多边形工具（拖动时按上下键可以改变其边数）。

（4）旋转工具。空白处单击后可在弹出对话框中输入物体旋转角度的数值，按住Alt键调整物体中心点位置，可以在弹出的对话框中进行具体的设置。

（5）形状生成器工具。图形中的每一个交叉点都会变为单独的个体，左键滑动选择区域，选择的区域就会变换样式。松开左键，点击生成的新的形状，按住Alt键，即可删除形状。

（6）混合工具。可对不同的图形或线段进行混合变形。

（7）显示当前填充色。单击可调出填色面板，对颜色进行更改。

（8）恢复默认填色和描边设置。

（9）直接选择工具。可以选择单个或多个锚点，改变其形状。

（10）曲率工具。调整直线的弧度，曲率工具比锚点工具调整更加平滑。

（11）直线段工具。鼠标拖拽绘制直线。

（12）橡皮工具。鼠标左键拖拽可以进行的形状的擦除，在擦除之前先选中形状的锚点才可擦除，擦除形状之后会形成闭合路径。

（13）渐变工具。选择渐变工具以后，按回车键可调出属性面板修改渐变。按住鼠标左键在形状中调整方向、角度、颜色等。

（14）吸管工具。与Photoshop中吸管工具的用法相似。

（15）画板工具。可以对画板进行缩放、移动、复制等操作。

（16）互换填色和描边。

（17）显示当前描边色。单击可调出填色面板，对颜色进行更改。

（18）添加锚点工具。可以修改锚点之间路径的形式。在路径上任意位置单击可添加锚点。

（19）删除锚点工具。可以删除路径上锚点。

（20）锚点工具。此工具可用于在平滑点和角点之间转换锚点。

工具栏内每个工具都有专属功能，由于空间限制，并不是所有工具都直接显示出出来，单击工具右下角的小三角，可以显示隐藏工具（图2-3、图2-4）。

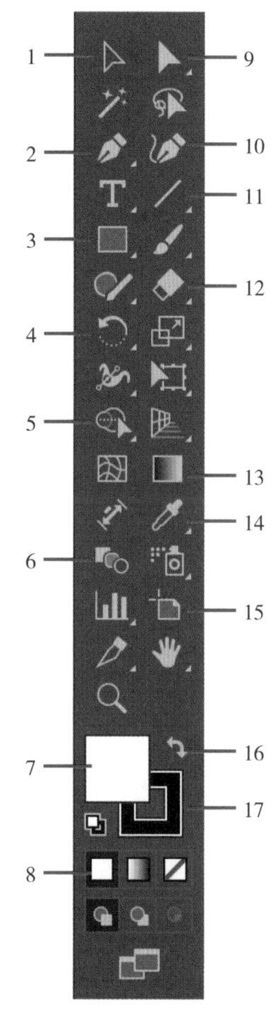

图2-3 工具栏

Adobe Illustrator 工具栏基础工具讲解

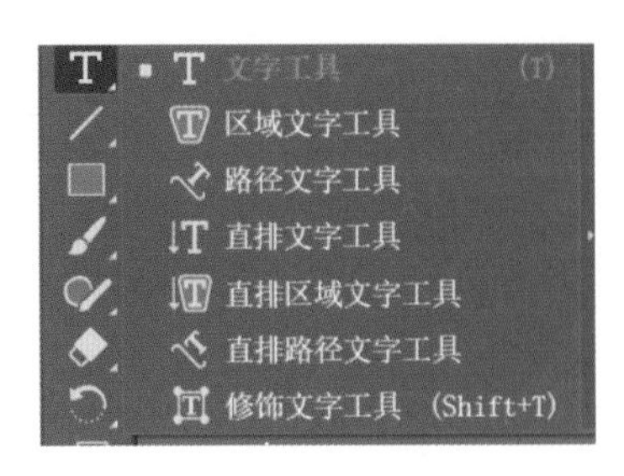

图2-4 文字工具栏

二、新建文件

双击打开电脑中的Illustrator，点击左上角的“文件”，选择“新建”，也可以使用快捷键“Ctrl+N”。

在新建文档的弹出窗中，可以修改文件的名称，并根据需求设置合适的画板尺寸（宽度和高度），常用的尺寸单位有毫米、厘米、英寸等。

在颜色模式中选择合适的模式，一般屏幕上使用选择RGB模式，打印时选择CMYK模式。

根据需要设置分辨率，通常屏幕显示选择72ppi，打印可以选择300ppi，数值越大，文件越大，也越清晰。

其他设置若没有特殊需要，选择默认选项即可。最后点击确定，新建文件完成（图2-5）。

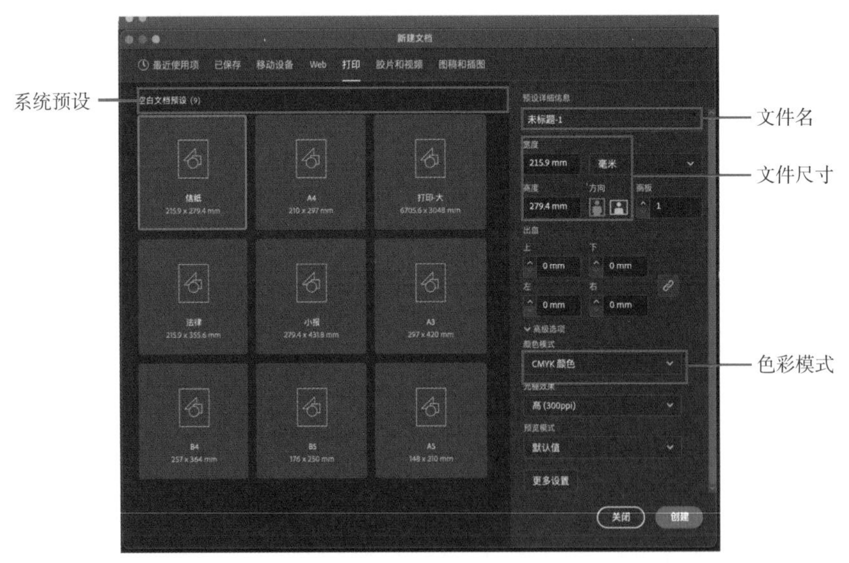

图2-5 新建文件

（1）系统预设。选择预设后，通常会看到预设对应的文档大小和色彩模式等信息。如果需要查看所有预设，可以单击相关选项查看其他尺寸。

（2）文件名。文件名是用户为新建文件所取的名字，它可以帮助用户快速识别与查找文件。

（3）文件尺寸。如果需要自定义文档的宽度和高度，可以在对应的输入框中输入数值。同时，可以通过单击“横向”或“纵向”来更改文档的方向。

（4）色彩模式。在Illustrator中，色彩模式是指用于描述和表示图形中颜色的方法。Illustrator支持多种色彩模式，常用的色彩模式是RGB和CMYK两种。

RGB模式：RGB是“红绿蓝”三个英文单词的首字母缩写。这是一种加色模式，通过将红、绿、蓝三种色光以不同的比例混合，可以产生各种颜色。RGB模式是显示器上常用的色彩模式，也是网页设计和数字媒体中常用的色彩模式。

CMYK模式：CMYK是“青、品红、黄、黑”四个英文单词的首字母缩写。这是一种减色模式，常用于印刷行业。在CMYK模式中，颜色是通过吸收和反射光线来产生的。CMYK模式中的四种颜色对应了印刷中使用的四种油墨，通过调整它们的比例可以产生各种颜色。

第二节　矢量图形的创建与编辑

一、矢量工具的运用

在Illustrator中，矢量图形的创建与编辑是核心功能之一，下面将详细介绍这两个过程。

1.创建矢量图形

（1）启动Illustrator并打开一个新文档。在新文档中，可以选择预设的画布大小或自定义画布大小。

（2）选择所需的绘图工具。Illustrator提供了多种矢量绘图工具，如矩形工具、椭圆工具、多边形工具、钢笔工具等。

（3）使用选定的绘图工具在画布上绘制图形。以矩形工具为例，方法一，可以在画布上单击并拖动鼠标以创建一个矩形，在拖动的同时按下Shift键，则可以创建正方形；方法二，在画面上单击左键，在弹出的对话框中输入尺寸数值建立矩形（图2-6）。同样的方法可以应用于椭圆形、多边形、圆角矩形、星形等。

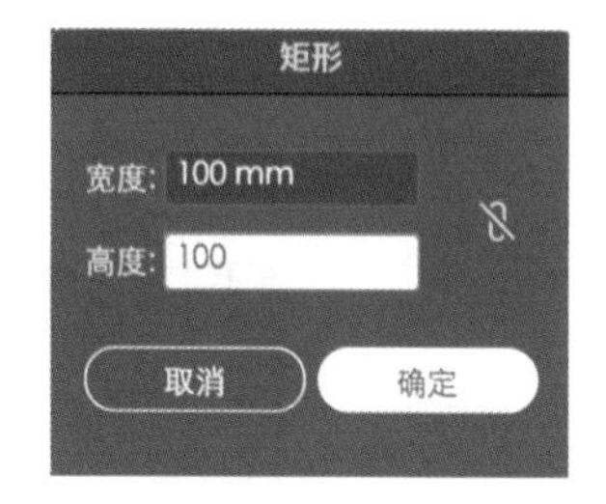

图2-6　创建矩形

在创建图形后，可以使用工具栏中的选项调整其填充颜色、描边颜色、描边粗细等属性，从而创造出更丰富的效果。

2.路径编辑与调整技巧

使用路径查找器中的联集、减去顶层、交集、差集可以创建更加丰富复杂的画面。

以矩形为例，同时选择两个矩形，单击联集则可以将两个正方形进行组合，生成一个完整的图形；单击减去顶层，则以底层矩形为基础，生成新的图形；单击交集则生成重叠部分；单击差集则生成减去重叠部分的图案。

在使用路径查找器的过程中，往往需要对齐工具的配合使用（图2-7）。

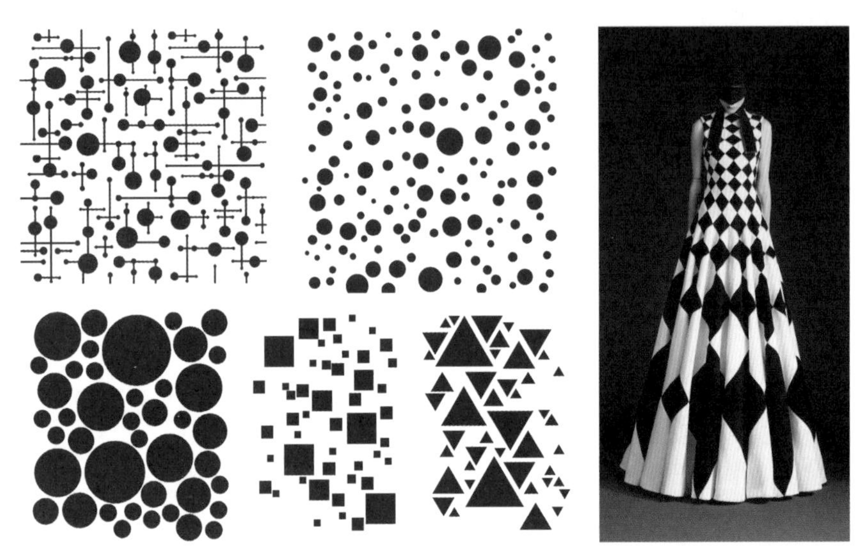

图2-7 路径编辑与调整后生成的新图形

二、图形的填充与描边

（1）调整描边的粗细。选择矩形工具，在状态栏中输入合适的数值（图2-8）。

（2）填充色彩。选择矩形后在工具栏中单击描边或者填充，在颜色面板中拖动滑块调整颜色（图2-9）。

（3）图案应用。将生成的新的图案应用到服装中（图2-10）。

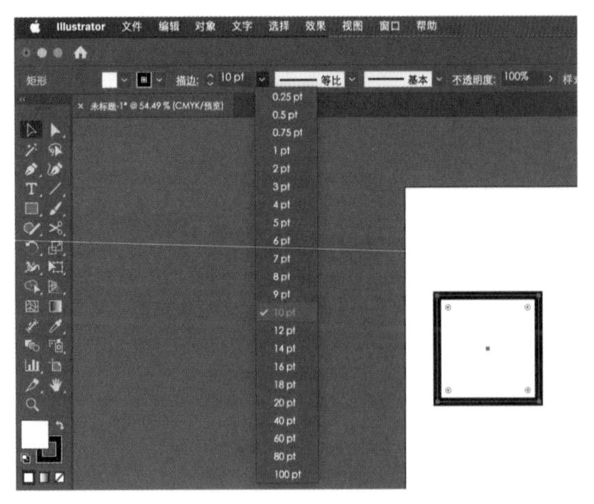

图2-8 调整描边粗细

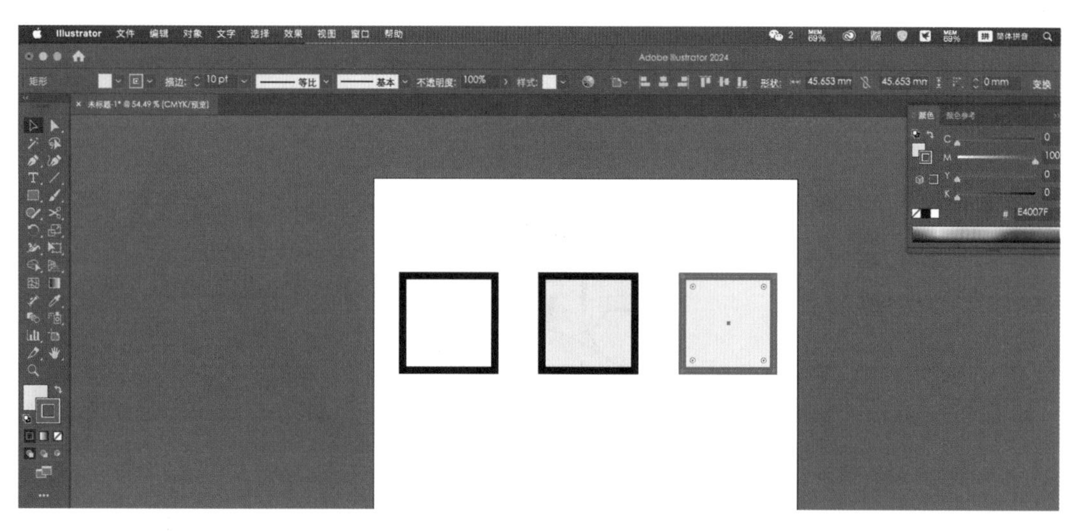

图 2-9 填充色彩

图 2-10 图案应用

三、对齐工具

（1）选择对齐对象。可以通过单击来选择单个对象，或者通过拖动选择框来选择多个对象。如果要选择多个不连续的对象，可以按住Shift键并单击每个对象。

（2）打开对齐面板。菜单栏中的“窗口”选项，然后从菜单中选择“对齐”（图2–11）。

（3）选择对齐方式。在对齐面板中，会看到一系列的对齐选项。包括左对齐、左右居中对齐、右对齐、顶部对齐、上下居中对齐和底部对齐。单击想要的对齐方式，所选对象将按照所选择的方式对齐（图2–12）。

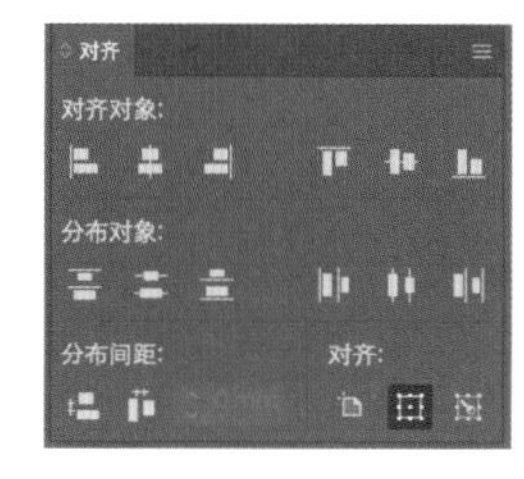

图 2-11 对齐面板

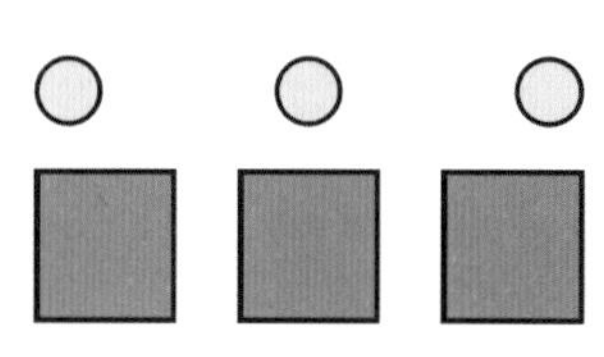
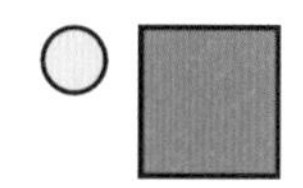

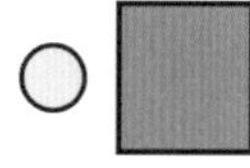

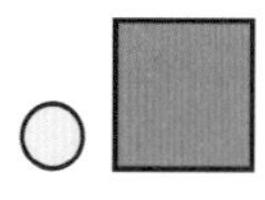

图 2-12 对齐方式

通过掌握这些基本的创建和编辑技巧，可以在Illustrator中轻松创建和修改矢量图形，为各种设计项目提供高质量的图形元素（图2-13）。

图2-13 图案应用

四、钢笔工具及形状器

1.钢笔工具的使用

（1）选择钢笔工具。从工具栏中选择钢笔工具（图2-14）。钢笔工具是创建和编辑路径的强大工具，路径可以是由直线段组成的开放或闭合的形状，也可以是平滑的曲线。

图2-14 钢笔工具栏

（2）创建锚点。使用钢笔工具，单击画布上的点来创建锚点。锚点是路径上的点，它们定义了路径的形状。单击以创建锚点时，钢笔工具会在两个锚点之间绘制一条直线段。

（3）创建曲线。按住鼠标按钮并拖动以生成一个控制手柄，控制手柄用于定义曲线的形状和方向。通过调整控制手柄的长度和角度，可以控制曲线的弯曲程度。

（4）编辑路径。使用添加锚点工具或删除锚点工具来编辑路径。添加锚点工具允许在现有路径上添加新的锚点，以便进一步调整路径的形状。删除锚点工具允许删除路径上的锚点，从而简化路径或更改其形状。

（5）完成路径。当路径的创建和编辑完成时，可以通过单击工具箱中的其他工具或Esc键来终止钢笔工具的使用。

2.形状器的使用

Illustrator中的“形状生成器”工具是一个强大的工具，用于创建、合并、编辑和修改复杂的形状和路径。它允许用户通过直观的方式，快速地生成新的形状，并对现有的形状进行调整（图 2-15）。常用的是合并形状和减去形状功能。

（1）合并形状。如果需要合并多个形状，可以使用形状生成器工具点击并拖动鼠标，从一个形状移动到另一个形状上。释放鼠标后，这些形状将会合并成一个新的形状。

（2）减去形状。如果需要从一个形状中减去另一个形状，可以按住 Alt 键，然后使用形状生成器工具点击需要减去的形状部分。

注：钢笔绘制过程中，线段相交部分可以有意长一些，产生一定的交叉。

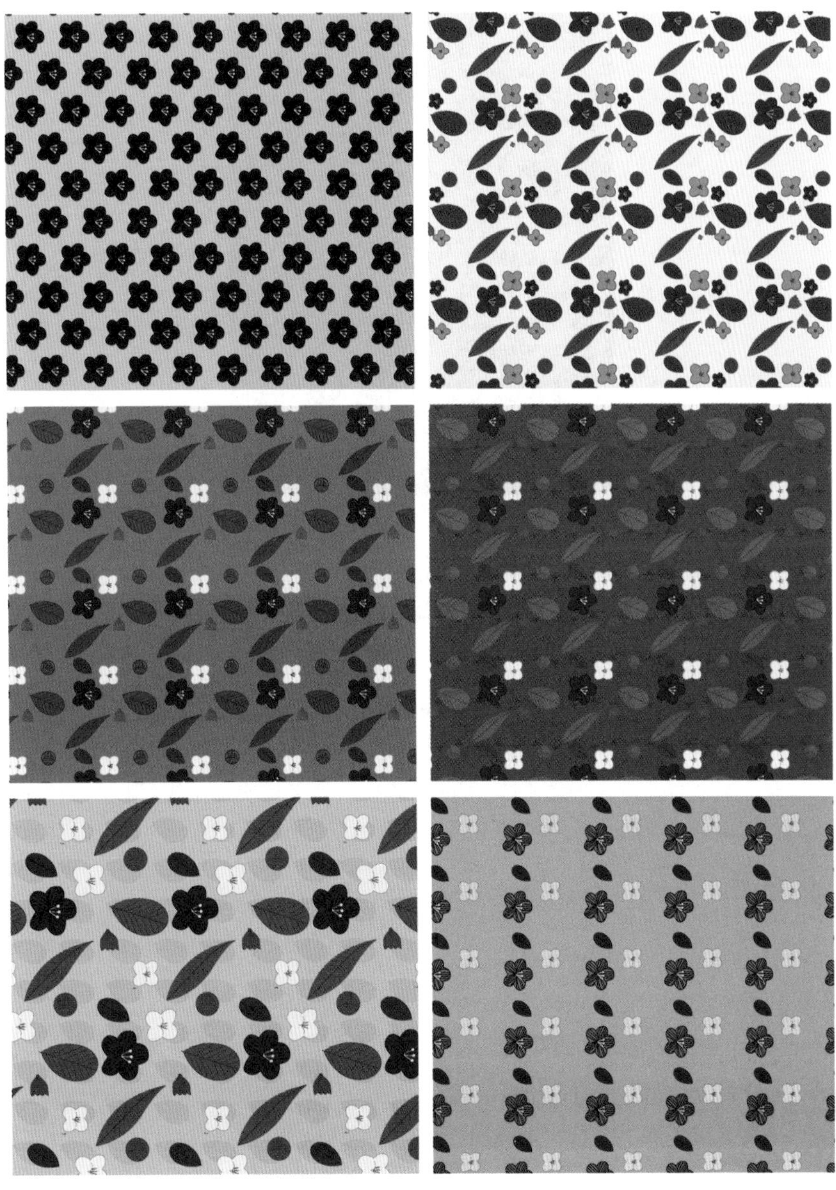

图 2-15 形状器生成图案

五、铅笔工具及实时上色工具

1. 铅笔工具的使用

在Illustrator中，铅笔工具是一个自由绘制的工具，允许用户创建和编辑路径，就像使用实际的铅笔在纸上绘图一样。

（1）选择铅笔工具。在工具栏中，单击并选择铅笔工具。

（2）设置铅笔工具选项。双击铅笔工具后会出现选项栏。在选项栏中可以设置笔刷的粗细、平滑度以及其他选项。调整这些设置以获得所需的绘图效果（图2-16）。

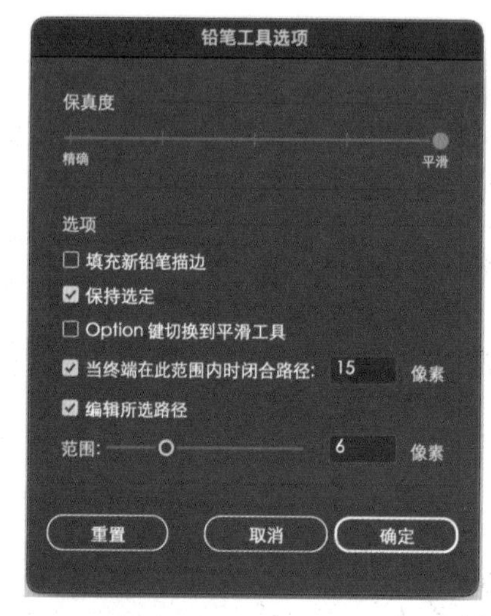

图2-16 铅笔工具选项

（3）绘制曲线和直线。铅笔工具可以绘制平滑的曲线和直线。要绘制直线，只需在起点单击，然后移动到终点并释放鼠标。要绘制曲线，可以在绘制过程中稍微改变鼠标的方向。

（4）编辑路径。绘制完路径后，可以使用直接选择工具来选择和编辑路径。还可以移动路径上的锚点、调整曲线的弯曲度或删除不需要的部分。

（5）完成绘制。完成绘制后，可以选择其他工具或单击工具栏中的空白区域以退出铅笔工具。

2. 实时上色工具的使用

实时上色工具是一种强大的功能，允许用户为图形快速填充颜色。以下是使用实时上色工具的基本步骤。

（1）选择线段。使用选择工具，将所有线段选中。

（2）实时上色。在工具栏中找到实时上色工具，快捷键为“K”。

（3）激活形状。在形成的封闭图形中单击，激活形状。当鼠标经过图形的交叉区域时，如果颜色发生变化，表示已经成功激活。

（4）填充颜色。在颜色面板中选择所需填充的颜色，结合左右方向键可以在色板中切换不同的颜色选择，从而提高工作效率。

再次使用实时上色工具，在已激活的图形中单击，以填充所选颜色。每个交叉形成的封闭区域都可以单独填充不同的颜色（图2-17）。

图 2-17　实时上色图案应用

六、图案制作

在Illustrator中，“图案选项”是一个用于编辑和管理图案的重要工具。通过“图案选项”工具，可以调整图案的大小、变换、拼贴类型等属性，以更好地控制图案的外观和行为（图2-18、图2-19）。

图 2-18　图案应用一

图 2-19 图案应用二

（1）选择图案。可以从色板面板中选择一个已经定义好的图案，色板面板中包含了文档中定义的所有图案色板。

（2）打开图案选项。选中图案后，可以通过双击色板面板中的图案色板，或者选择对象—图案—图案选项来打开“图案选项”对话框。

（3）编辑图案属性。在“图案选项”对话框中，可以编辑图案的各种属性。例如，可以调整图案的大小、变换（旋转、缩放、移动等）、拼贴类型（砖形、网格、六边形等）、图案拼贴之间的间距等。

（4）应用更改。编辑完图案属性后，点击“确定”按钮应用更改。此时，图案将根据设置进行更新。

（5）预览和调整。在应用更改后，可以预览图案的效果，并根据需要进一步地调整。也可以通过选择工具来移动和调整图案在应用对象上的位置。

七、分层图案

Illustrator的图案编辑模式简化了元素的替换过程。虽然最终创作的图案通常很复杂，会降低电脑的运行速度，但是拥有非常好的表现效果。

（1）从基本元素开始创建图案拼贴。在创建图案之前，首先绘制出主要的元素，并创建一个颜色编组，定义好图案大小和拼贴类型。选定艺术对象后，进入图案编辑模式，通过“对象—图案—建立”命令，然后手动进入图案面板，调整宽度和高度。使用移动工具调整每朵花的位置，使色板边界重叠在网格拼贴类型中，这与拼贴大小相同，图2-20中用红色框显示出来，在剩下的空间中可以在对象上面和下面增加次级艺术对象。

（2）使用色板边界设计图案。只要在图案编辑模式中，就可以随意使用整个画布设计新元素和图案。因为色板边界定义了真实图案的参数，对象只会由接触到色板边界或位于色板边界内部的对象组成。被色板边界包含的对象，如果与边缘重叠或相接触，则会自动出现在图案副本的相反象限。

需要注意的是，如果使用的是砖形或HEX版式，改变偏移或偏移类型会引起色板边界变大或缩小。如果艺术对象之前位于色板边界外部，则现在它将在图案内部，反之亦然。

（3）增加新的艺术对象。放置好首批鲜花后，可以开始添加更多的鲜花，在图案编辑模式中对它们进行复制、变形以及上色的操作。通过将一些鲜花进行前后重叠、缩放以及改变艺术对象以显示较少细节并将其放到堆叠对象后面，强化了深度效果。在最底部增加浅色方框，该方框没有用描边隐藏图案中的间隙，表现出一种自然简单的外观。在图案面板中为图案命名，然后单击完成按钮，将图案保存到色板面板（图2-21）。最后，还可以使用新着色图稿对话框创建不同的样式（图2-22）。

图2-20　图案应用一

图2-21　图案应用二

图2-22　图案应用三

八、描边的变化

在Illustrator中，宽度工具是一种非常有用的工具，它可以改变线段的宽度，从而创建出更加动态和有趣的形状（图2-23）。以下是使用宽度工具的基本步骤。

（1）绘制线段或形状。选择线段工具，绘制出想要的线段或形状。

（2）找到宽度工具。在工具箱中找到宽度工具，或者按快捷键“Shift+W”。

（3）改变宽度。将鼠标放在线段上，单击并按住鼠标，然后拖动这些锚点，可以改变线段在该点的宽度。

图2-23　图案应用四

可以通过在线段上添加更多的锚点来创建更加复杂的宽度变化。只需在需要的位置单击即可添加新的锚点。

如果想删除某个锚点，可以使用直接选择工具选择该点，然后按“Backspace”键即可删除。

（4）创建完成。宽度调整完成后，可以选择“对象”菜单中的“扩展”选项，将宽度变化应用到线段上，从而创建一个具有可变宽度的形状。

第三节　服装款式图的精确绘制

服装款式图在服装设计和生产过程中具有重要的作用。

在服装企业中，生产流程复杂且工序繁多，每一道工序的生产人员都必须根据所提供的样品及样图的要求进行操作，不能有丝毫改变（单元公差允许在规定范围内）。因此，服装款式图对于保证生产过程的准确性和产品质量至关重要。

服装款式图是服装设计师意念构思的表达。每个设计者在设计服装时，首先会根据实际需要在大脑里构思服装款式的特点，而服装款式图则是将设计师的想法化为现实的最直接和有效的表达方式。通过款式图，设计师能够清晰地传达自己的设计理念，使得其他人能够理解和实现这些设计。

款式图绘制注意事项如下：

（1）明确设计意图。在开始绘图之前，确保自己对设计有清晰的认识和构思。思考服装的款式、剪裁、面料、颜色以及细节处理等因素。

（2）选择合适的比例和尺寸。根据实际需要选择合适的图纸比例，确保款式图能够真实反映设计的大小和比例关系。标注关键部位的尺寸，以便生产人员准确制作。

（3）注重细节和清晰度。在款式图上清晰标注所有的设计细节，如口袋、纽扣、拉链、褶皱、缝纫线等。使用易于理解的符号和标注方式，确保生产人员能够准确解读。

（4）使用标准符号和术语。遵循服装行业的标准符号和术语，以便与其他设计师和生产人员有效沟通。如果需要，可以创建自定义符号，并在图纸上进行说明。

（5）考虑面料和工艺。在款式图上标注所选面料及其特性，以便生产人员选择合适的材料和工艺。注明特殊的工艺要求，如熨烫、缝制方法等。

（6）保持图纸的整洁和易读性。使用清晰、整洁的线条和标注，避免混乱和模糊不清。如果需要修改，确保修改清晰可辨，并注明修改日期和原因。

（7）提供多视图和辅助图。绘制正面、背面和侧面等多个视图的款式图，以便全面展示设计。如果设计复杂，可以添加辅助图或局部放大图来进一步说明。

（8）考虑实际生产需求。在设计时考虑生产的可行性和成本效益，避免过于复杂或难以实现的设计。与生产团队沟通，确保款式图符合实际生产条件和能力。

第四节　服装款式造型手册

一、袖子

（一）袖子类型

（1）喇叭袖。喇叭袖产生于19世纪后半叶，它的袖山部分与普通装袖相同，从袖山以下向袖口处越来越宽，并形成喇叭状（图2-24）。

（2）开衩袖。开衩袖及其各种变化款式曾流行于20世纪70年代。一款简单的袖子加上开衩设计，使袖口呈现出喇叭型（图2-25）。

（3）蝙蝠袖。蝙蝠袖曾流行于20世纪30年代和80年代。袖子没有腋下部分，因此产生了一个从腰部延伸至手腕的既深又宽的袖窿（图2-26）。

（4）装袖。装袖是服装设计中最流行的袖型，几乎适合所有款式和面料（图2-27）。

（5）马鞍袖。马鞍袖是连身袖的变化款式之一，它保持着浑圆的肩型，而且更加舒适、合体，肩头部分则看起来是方形的。马鞍袖可用于全成型针织品（图2-28）。

（6）连身袖。在运动服和针织服装中常见到连身袖。连身袖使肩线看起来柔和、浑圆。这一款式也可用于机织物服装（图2-29）。

图 2-24　喇叭袖

图 2-25　开衩袖

图 2-26　蝙蝠袖

图 2-27　装袖

图 2-28　马鞍袖

图 2-29　连身袖

（7）落肩袖。在休闲装中，如厚型运动衫中常见到落肩袖。这一款式在机织物服装上也可使用，多用于外套和夹克（图2-30）。

（8）无袖。无袖设计通常在夏天的服装中使用，而且经常在T恤的设计中使用（图2-31）。

（9）荷叶袖。荷叶袖有着有趣的、夏天的感觉。用悬垂感好的面料制作荷叶袖效果较好，如雪纺和绉纱（图2-32）。

（10）露肩袖。露肩袖为突出肩部提供了框架。选择稳定性好的面料才能取得最好的效果（图2-33）。

（11）灯笼袖。灯笼袖有着装袖的袖窿，并从上至下随着长度增加，袖子逐渐变肥，袖口打褶收紧（图2-34）。

（12）德尔曼袖。德尔曼袖起源于匈牙利的马扎尔人，当地的农民穿着这种袖子的服装。与蝙蝠袖一样，德尔曼袖有着宽大的袖窿，袖片从衣身裁剪出来，并形成较窄的袖口（图2-35）。

图 2-30 落肩袖　图 2-31 无袖　图 2-32 荷叶袖

图 2-33 露肩袖　图 2-34 灯笼袖　图 2-35 德尔曼袖

（13）束带袖。束带袖有一种浪漫的感觉，上臂的宽袖用束带或松紧带打褶收紧，下面的袖子垂散下来（图2-36）。

（14）盖肩袖。盖肩袖在肩部最上端有一小片袖山。这种款式常用于气候温暖的夏季服装（图2-37）。

（15）可调节袖。可调节袖可以为长袖，也可以为短袖。功能性的袖襻用来调节袖子长度（图2-38）。

（16）羊腿袖。最早的羊腿袖设计可以追溯到1824年，在袖山部位有着丰满的打褶和隆起，然后向袖口处越来越窄（图2-39）。

（17）泡泡袖。泡泡袖有着年轻化的外观，在童装或少女装中常见。泡泡袖的长度可长可短（图2-40）。

图 2-36 束带袖　　图 2-37 盖肩袖　　图 2-38 可调节袖

图 2-39 羊腿袖　　图 2-40 泡泡袖

（二）各类款式的袖子

1.外套和夹克袖子

外套和袖子可以在款式和长度上进行变化，并且通常用稍厚的面料制作。在袖子设计中，需要考虑袖子功能等因素（图2-41）。

薄型机织物
厚型机织物
薄型机织物
厚型机织物
厚型机织物
薄型机织物
薄型机织物
厚型机织物
厚型机织物

薄型机织物
薄型机织物
厚型机织物
弹性织物
薄型机织物
厚型机织物
厚型机织物
厚型机织物
轻薄面料
厚型机织物
弹性织物
厚型机织物

图 2-41

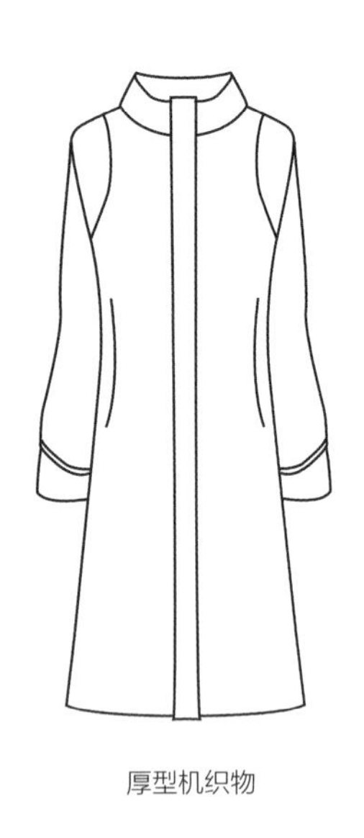
厚型机织物

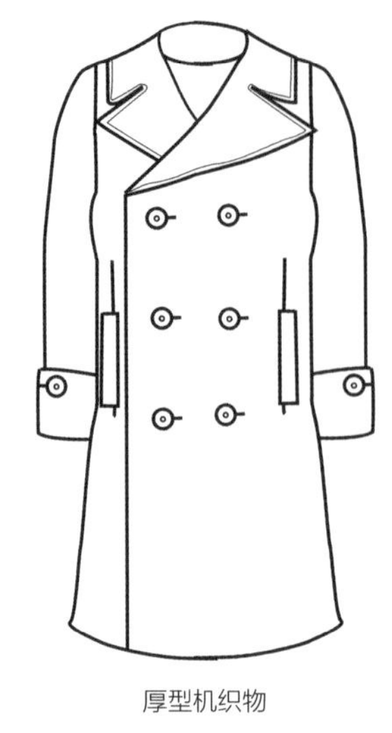
厚型机织物

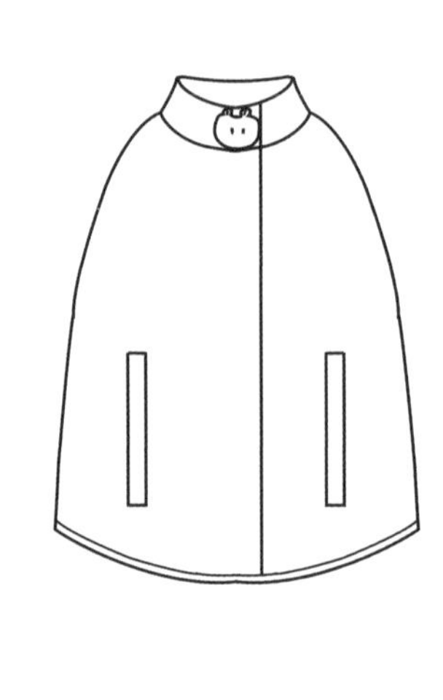
厚型机织物

图2-41 外套和夹克袖子示范图

2. 长袖上衣

长袖上衣是衣柜里的主要服装，并且很容易受潮流影响。袖子要与服装其余部分完美协调（图2-42）。

图 2-42 长袖上衣示范图

3. 短袖和无袖上衣

短袖上衣常用中厚型、轻薄型或者弹性面料（图2-43）。

图 2-43

图 2-43 短袖和无袖上衣示范图

4.连衣裙袖子

连衣裙的袖子变化很多，兼具功能性。考虑连衣裙其余部分的设计情况，使袖子设计与全身协调（图2-44）。

图 2-44 连衣裙袖子示范图

5. 针织衫袖子

在针织衫的设计中，袖子不仅仅是功能性的组成部分，它们也是表达风格和个性的关键元素。从经典的常规袖到充满活力的灯笼袖，每一种袖型都能为整件针织衫增添独特的魅力和视觉效果（图2-45）。

图 2-45

图2-45 针织衫袖子示范图

二、领口和领子

服装款式可以弥补个人身材不足，其中领口可以弥补穿着者的脸型、脖颈、前胸以及肩部的不足。圆脸型可以穿深开的领口，而有棱角的脸型则可以通过弯曲的领口或优雅的样式来软化。

领口能够影响情绪和服装样式。低领看起来非常性感，而小圆领显示了一种不经意的质朴。一件衣服的领口是经常被看到的部位，因此设计时要多加考虑。

（一）领口

（1）V领。V领是最流行的领口之一，也是经典的领型。它适用于大多数面料，能够在各种上装中见到（图2-46）。

（2）镶补领。V领的一个变化款式，它既有深V的领型，又保持了质朴的感觉（图2-47）。

（3）低领。这是一款很女性化的领型，通常用机织物制作，在各种上装和连衣裙中都能见到（图2-48）。

（4）鸡心领。鸡心领的设计很好地强调了胸部造型。它采用V领和方领相结合的结构，构成了脖子和肩部区域的造型（图2-49）。

（5）方领。一种流行的、常用的领型，可用于各种面料（图2-50）。

（6）U型领。方领的变化款式，简单的线条适合于大多数人（图2-51）。

图2-46 V领

图2-47 镶补领

图2-48 低领

图2-49 鸡心领

图2-50 方领

图2-51 U型领

（7）绕颈立领。立领围绕脖颈一周，有一个开口（图2-52）。

（8）中式立领。中式立领最初来自中国贵族的穿着。这款小立领前中开口，领角为圆形（图2-53）。

（9）飘带领。这款女性化的领型的主要特点在于领口有两条长飘带打结成漂亮的蝴蝶结（图2-54）。

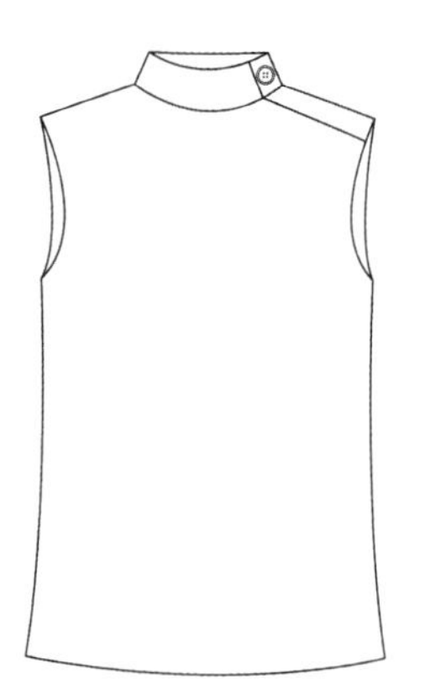

图 2-52 绕颈立领

图 2-53 中式立领

图 2-54 飘带领

（二）领子

领子是衬衫、罩衫、夹克、连衣裙或者外套上围绕脖子的那一部分。传统的穿法是竖立起来或者翻折过来，男装中最早使用可拆卸的活动领子。

一款领子的造型决定于它所连接的领口。不同历史时期，甚至每十年的时尚变化，都可以从领子造型中精确记录。例如，一提起拉夫领就让人立刻想到莎士比亚和伊丽莎白时代的英国，而超大号的尖角翻领和驳领让人想到20世纪70年代的服装。

领子是服装的重要焦点，领子对领口部位的装饰性、补充性和强调性都是服装完成效果的决定因素。当今时尚有着折中兼容的审美，因此领型的设计来源于各种款式——张开的拉夫领、硬挺的拿破仑式立领、水手圆领、高翻领、毛皮宽领等。领子能够轻松地诠释出设计者的灵感来源。

（1）主教领。最初这款领子的名称借用教士的外衣，这款多用的领子有一种正式和严肃的感觉（图2-55）。

（2）方披肩领。一款很深的方领，类似披肩。常用在简洁的圆领口上，形成有趣的造型对比（图2-56）。

（3）圆披肩领。类似披肩，最好用机织物制作（图2-57）。

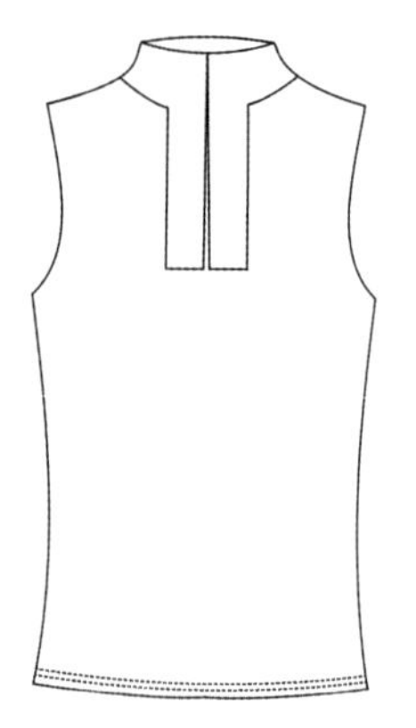

图 2-55 主教领

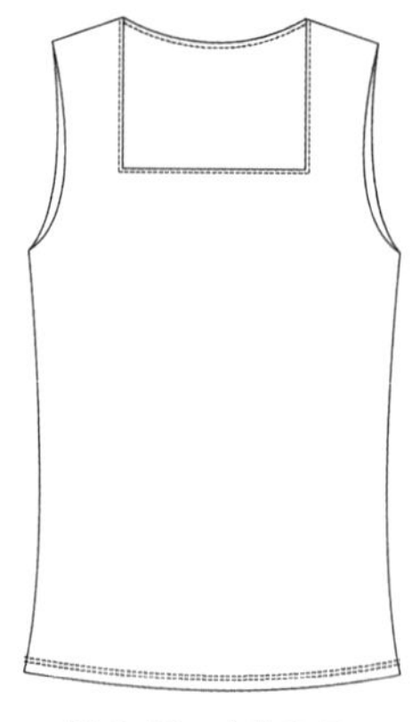

图 2-56 方披肩领

图 2-57 圆披肩领

（4）亨利领。常见于棉针织物或机织物服装上，有着较浅的领座，还有带纽扣的半开襟（图2–58）。

（5）学生立领。单层的领子立在领口上，没有翻折（图2–59）。

（6）马球领。领子前身开襟，开襟上有纽扣（图2–60）。

图2–58 亨利领　图2–59 学生立领　图2–60 马球领

（7）衬衫领。衬衫领流行而又实用，这款经典的领子多见于机织物服装的设计中（图2–61）。

（8）水手圆领。一款简单的圆领，通常由弹性面料制作而成，以便穿脱（图2–62）。

（9）褶饰领。褶皱装饰的颈部十分优雅，褶皱上流动的曲线柔化了脸型（图2–63）。

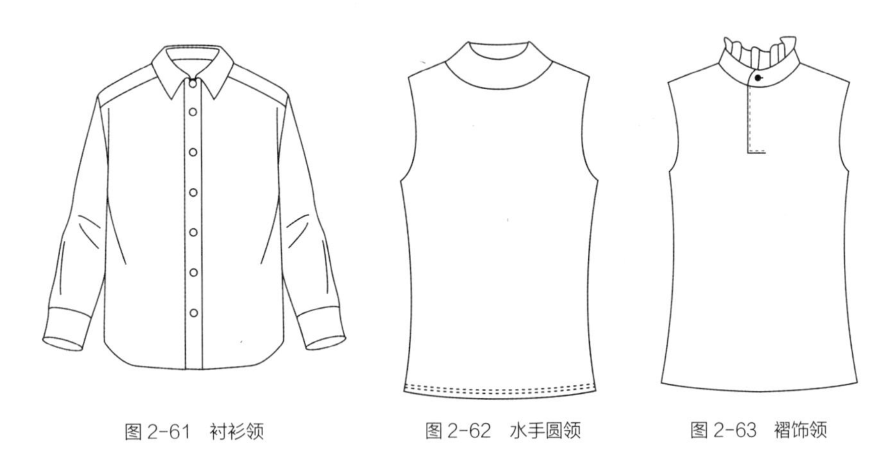

图2–61 衬衫领　图2–62 水手圆领　图2–63 褶饰领

（10）兜帽领。常用于运动服和休闲装，它能够包覆着头，并与服装领口相连（图2–64）。

（11）彼德·潘领。前身开襟，开襟上有纽扣（图2–65）。

（12）翻领和驳领。衬衫领流行而又实用，这款经典的领子多见于机织物服装的设计中（图2–66）。

（13）青果领。一款简单的圆领，通常用弹性面料制作，以便穿脱（图2–67）。

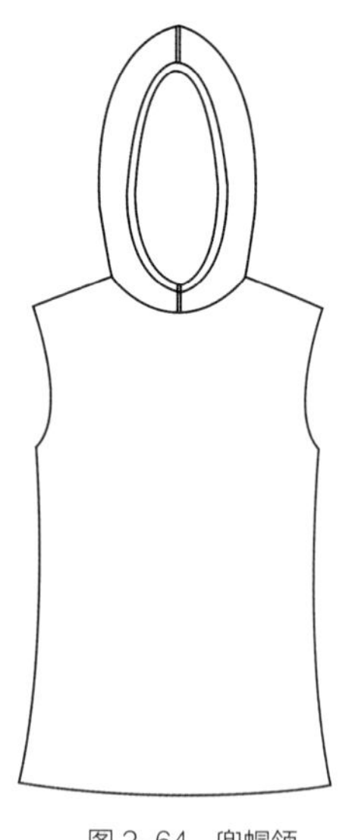

图 2-64 兜帽领

图 2-65 彼得 · 潘领

图 2-66 翻领和驳领

（14）塔士多翻领。来源于男装款式，外观很像青果领，它有着深V型领口和一个弧线的领面（图2-68）。

（15）翻折高领。通常用弹性面料制作，这款紧身合体的筒形领子允许服装套头穿着，并突出了修长、优雅的颈部（图2-69）。

图 2-67 青果领

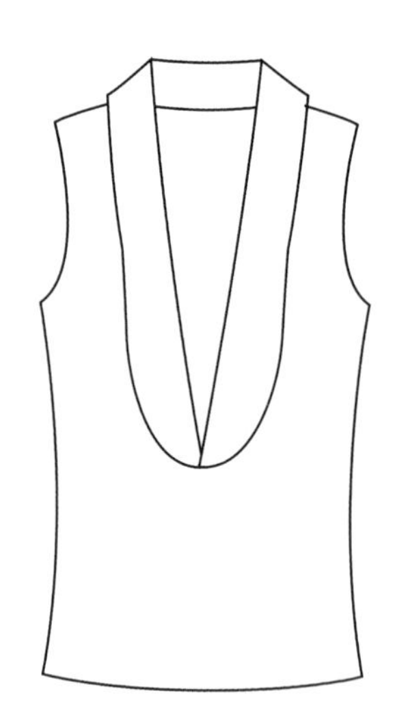

图 2-68 塔士多翻领

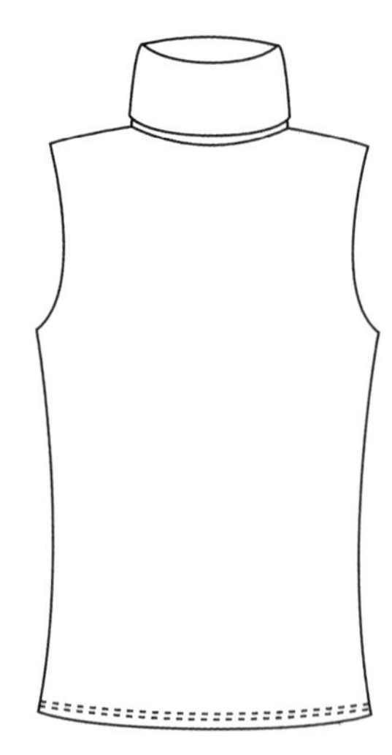

图 2-69 翻折高领

（三）各类款式的领口和领子

1.外套和夹克的领口和领子

外套和夹克的领口和领子不仅在设计上提供了多样性，更在整体造型中起着至关重要的作用。从经典的翻领到现代的立领，每种领型都能赋予服装独特的个性和风格。领口的设计不仅影响着穿着者的外观，还能提升舒适度与保暖性（图2-70）。

薄型机织物
厚型机织物
厚型机织物
厚型机织物
薄型机织物
厚型机织物
薄型机织物
薄型机织物
弹性织物
薄型机织物
厚型机织物
薄型机织物

图 2-70

图 2-70　外套和夹克的领口和领子示范图

2. 针织衫和罩衫的领口和领子

根据服装预期完成的效果，探索衬衫和罩衫领子设计的多种可能性。思考如何平衡服装各部位细节，使它们互相协调（图2-71）。

图2-71 针织衫和罩衫的领口和领子示范图

3.上衣领口和领子

受潮流影响，上衣领口有所改变，选择更加广泛。设计时要综合考虑款式流行因素以及面料和色彩，才能取得最有效的设计效果（图2–72）。

透孔织物
弹性织物
薄型机织物
薄型机织物
弹性织物
薄型机织物
薄型机织物
轻薄织物
弹性织物
薄型机织物
薄型机织物
薄型机织物

图 2-72

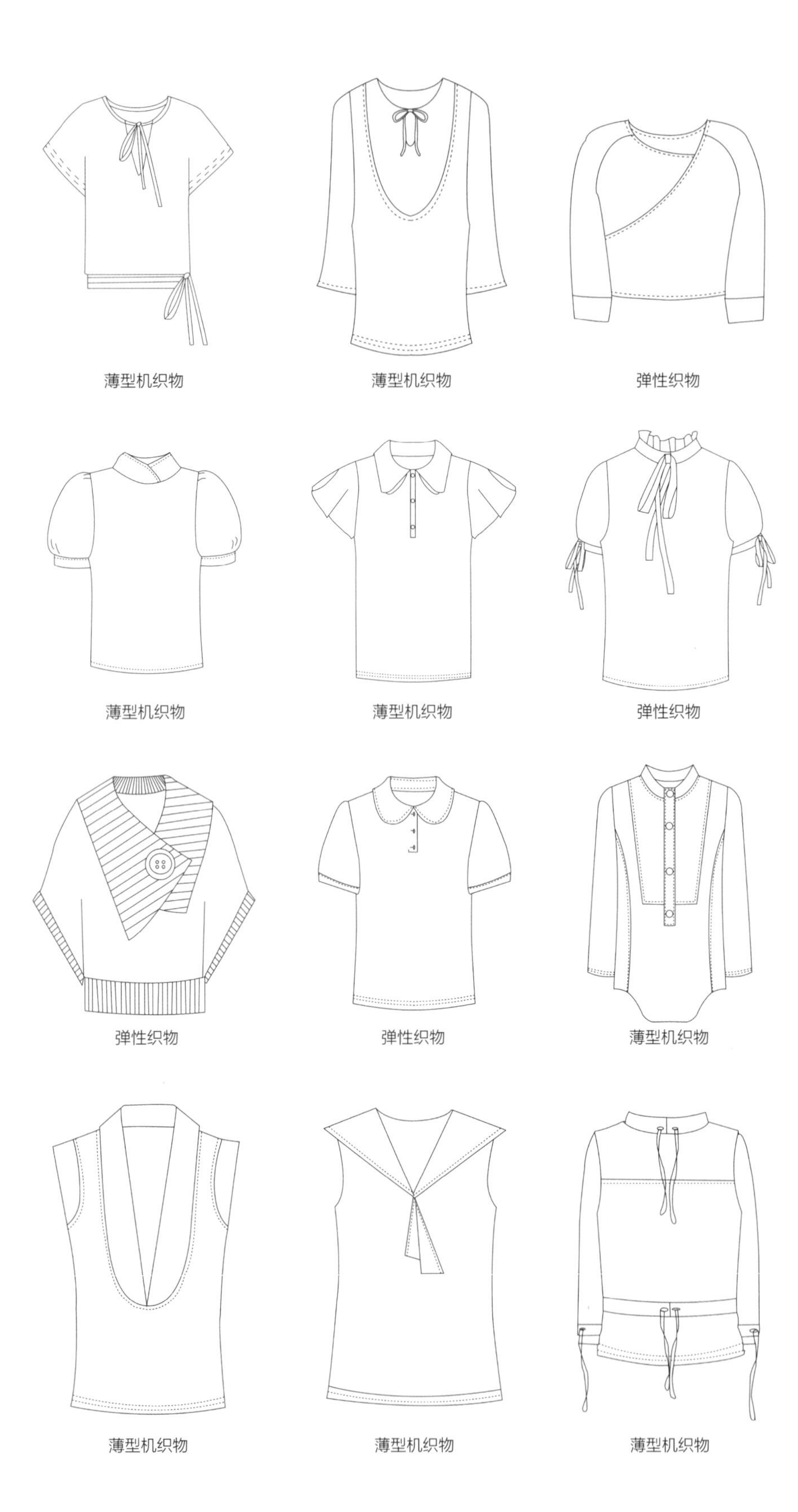
薄型机织物
薄型机织物
弹性织物
薄型机织物
薄型机织物
弹性织物
弹性织物
弹性织物
薄型机织物
薄型机织物
薄型机织物
薄型机织物

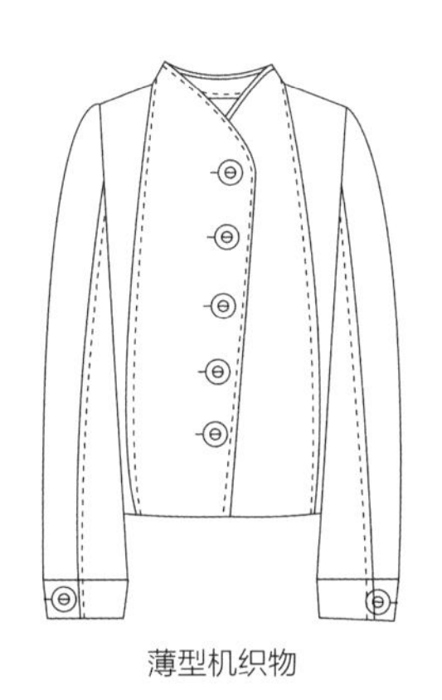

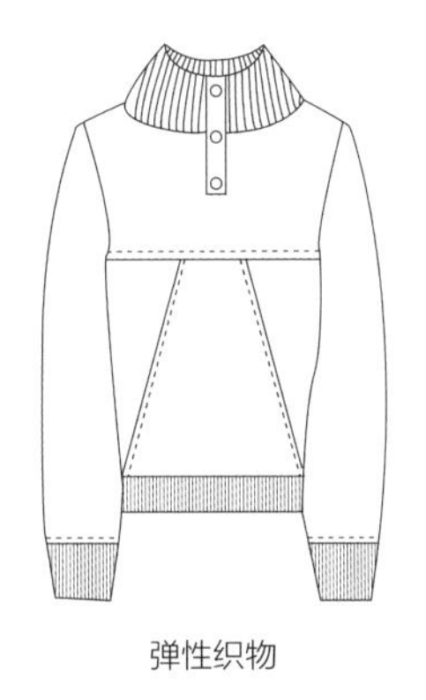

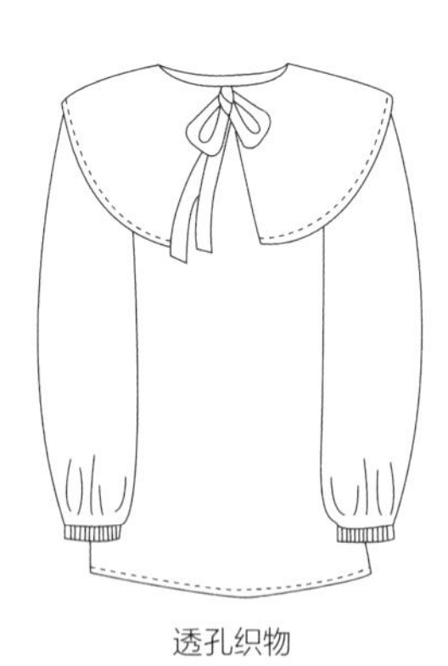

图 2-72 上衣领口和领子示范图

4. 连衣裙的领口和领子

领口和领子是肩部和脸部的装饰和框架。设计时，要思考设计想法、面料的造型能力、最终效果以及视觉重点是否可以统一（图2-73）。

图 2-73 连衣裙的领口和领子示范图

5. 针织衫的领口和领子

针织物是一种可塑性强、适于创新的面料。设计时需考虑色彩组合以及针织面料是否适合服装系列中的其他款式（图2–74）。

图 2-74 针织衫的领口和领子示范图

三、腰带

当服装廓型改变时，腰线位置也相应改变。20世纪20年代的女装廓型为下落的腰线、直线型、男子式的外观。到了20世纪60年代，帝国样式的腰线复兴，上升到胸部下面，突出了袒胸露肩的效果。20世纪90年代的超低腰裤加长了上身长度。又经过多年演变，腰线重新又提升到高位，如高腰裤和高腰牛仔裤。

而腰带是有实际功能的，通常多数服装款式在腰部决定穿脱和固定的作用。一款成功的服装设计，腰部区域必须款式、外形和功能兼备。

（一）腰部造型

（1）低腰。低腰或超低腰曾流行于20世纪90年代，并持续至今。低腰位于骨盆区域，加长了上身，展示了臀部（图2-75）。

（2）中腰。中腰的腰线在人体自然腰位，是一种舒适的款式（图2–76）。

（3）高腰。高腰经常流行，从未退出潮流。高腰使女性臀腰部产生流畅的曲线，并突出了胸部区域（图2–77）。

（4）无腰。贴边腰线没有腰条布，而只是用隐藏在里面的贴边简单车缝成腰线（图2–78）。

（5）曲线腰。曲线腰用于长裤或半裙，它将焦点集中于腹部（图2–79）。

（二）腰带款式

（1）可调节扣襻。可调节的扣襻是位于腰部侧边的一个细节（图2–80）。

（2）腰带。腰部采用腰带是半裙和长裤中流行的款式。其外观由腰带环和穿过其中的腰带共同构成（图2–81）。

（3）皮带扣。用皮带扣来调节腰围，或者仅作为一个设计细节。皮带扣用在服装的前身、后身都可以（图2–82）。

（4）前襟式。常见于做工精致的长裤和半裙。前面重叠部分通常在内侧有紧固装置，用来将腰带固定（图2–83）。

（5）围裹式。围裹式腰带为围裹式半裙提供了理想设计，很适合用特制面料和花式面料制作（图2–84）。

（6）抽带式。常用于休闲裤和运动服。抽带使裤子显得更轻松，并且适

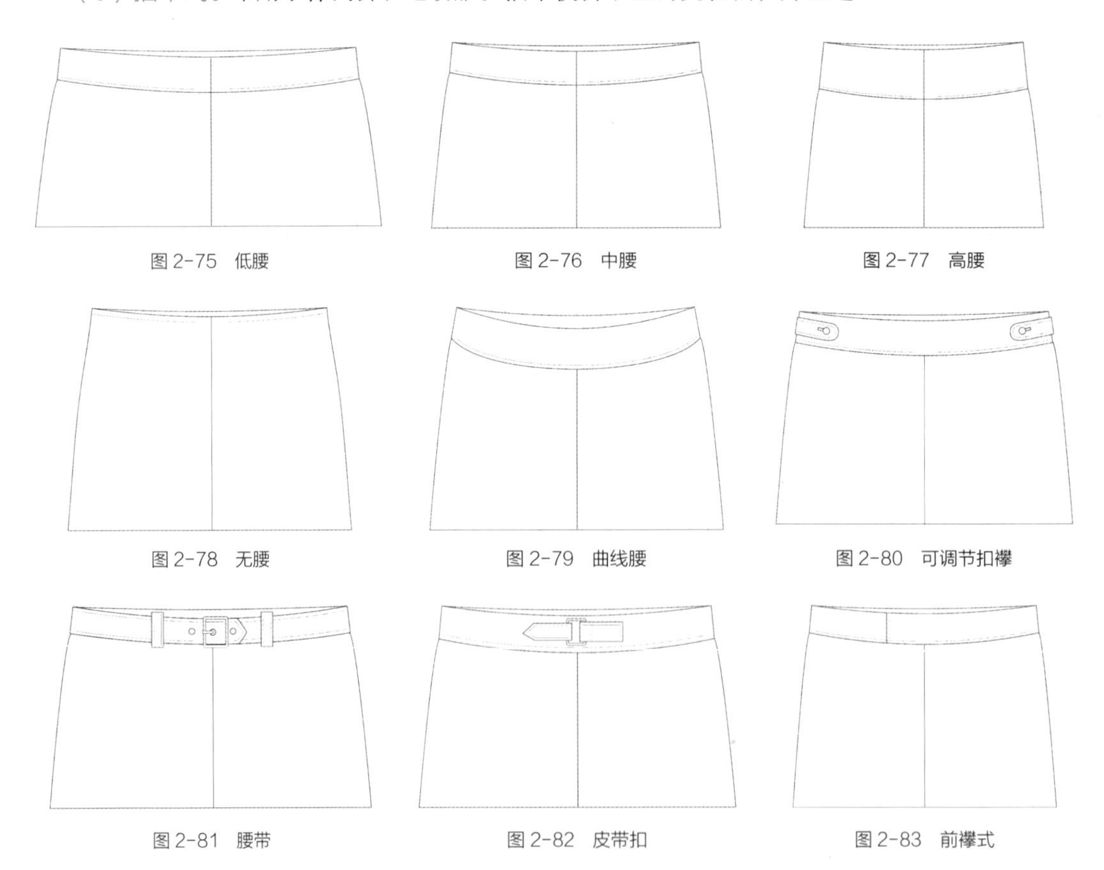

图2–75 低腰　图2–76 中腰　图2–77 高腰

图2–78 无腰　图2–79 曲线腰　图2–80 可调节扣襻

图2–81 腰带　图2–82 皮带扣　图2–83 前襟式

用于针织面料的服装（图2–85）。

（7）松紧带式。松紧带腰带产生皱褶的外观，适合柔软面料制作的休闲裤或休闲裙（图2–86）。

（8）穿绳式。可用在服装的前面、侧面和后面，同时也是服装的开口（图2–87）。

（9）罗纹带。可以是全部罗纹，也可以部分用罗纹。罗纹织物有弹性，很合体，常用于童装、运动装的设计中（图2–88）。

（10）尖角高腰。尖角式腰带是高腰形，侧边拉链开口，非常适合用特制面料和花式面料制作（图2–89）。

（11）育克式。育克式腰带适合长裤和半裙，将省道放入育克接缝中，用侧边拉链开口（图2–90）。

（12）立褶式。立褶式腰带在腰部打褶。这种款式最好用硬挺的面料制作（图2–91）。

（13）波形褶式。波形褶式腰带有一个从腰部开始、长至臀部的垂褶，为服装增添了女人味。此款适于选择悬垂感良好的面料制作（图2–92）。

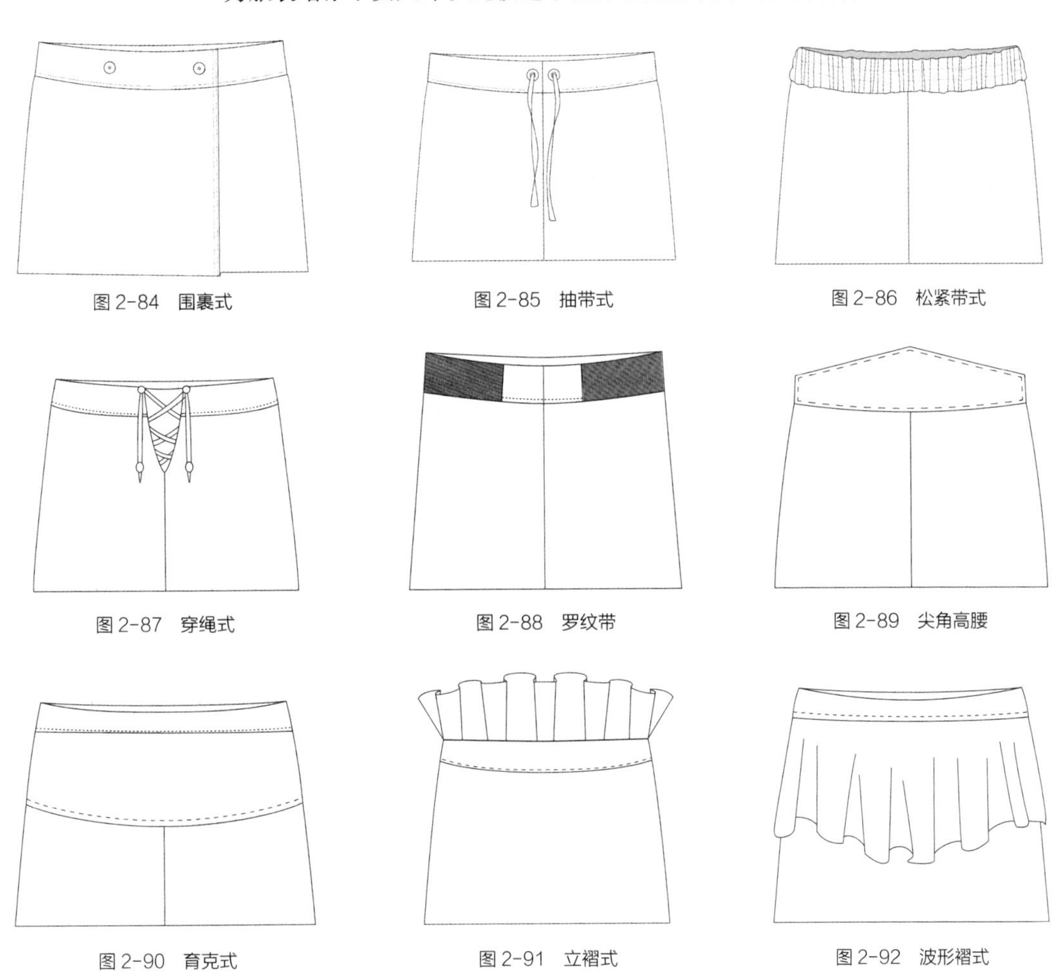

图2–84　围裹式

图2–85　抽带式

图2–86　松紧带式

图2–87　穿绳式

图2–88　罗纹带

图2–89　尖角高腰

图2–90　育克式

图2–91　立褶式

图2–92　波形褶式

（三）各类款式的腰带

1.短裤和长裤腰带

腰带是服装的关键功能部位，也是半裙和长裤的基本结构。设计腰带时，舒适与合体是最重要的，在腰带上增加趣味设计会使之成为服装焦点（图2–93）。

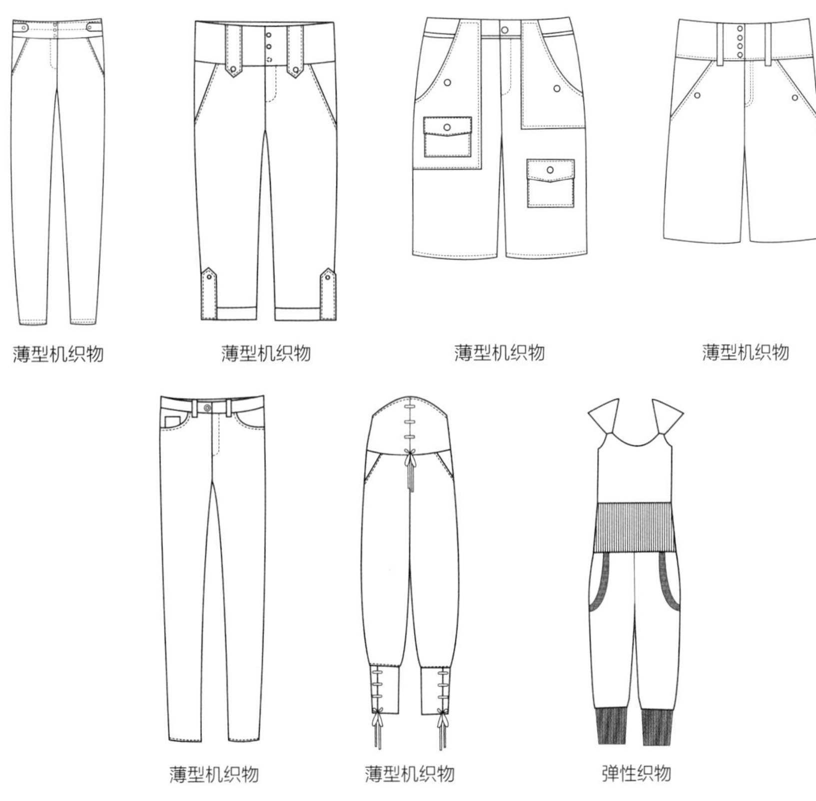

图 2-93 短裤和长裤腰带示范图

2. 裙子腰带

腰带设计要服从于服装整体设计。腰带可以增加设计趣味和视觉冲击力（图2-94）。

图 2-94

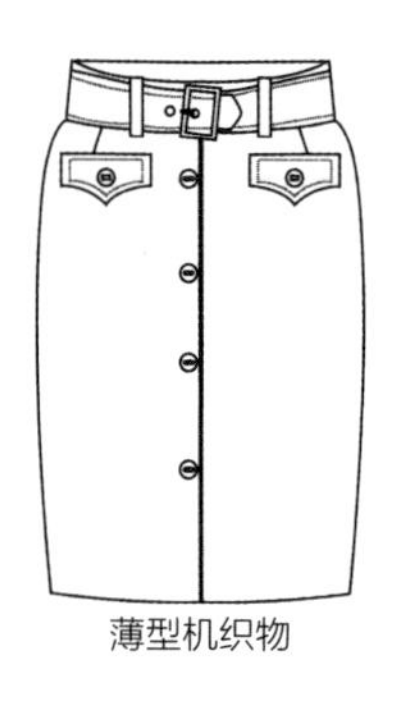

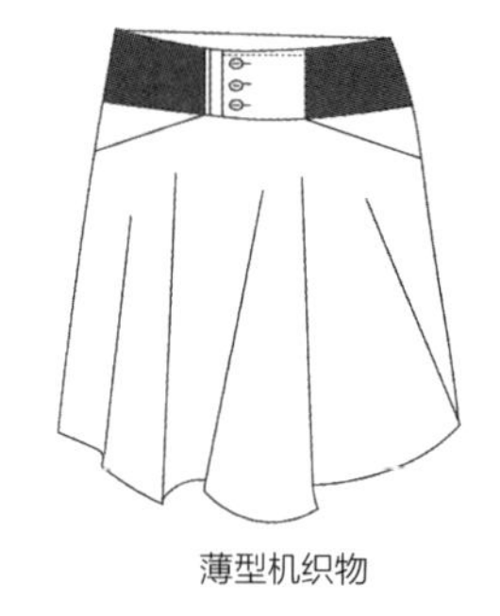

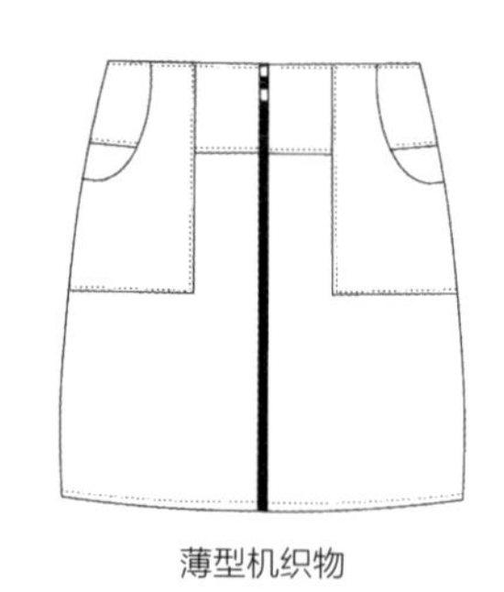

图 2-94　裙子腰带示范图

四、口袋

口袋是大多数服装的基本部件，尤其是像外套、夹克这样的外衣品类。多数口袋主要具有实用的功能。现代生活需要太多配件——手机、钥匙、信用卡、零钱——这些都需要放在口袋中随身携带，同时也解放了我们的双手。如果你认为自己的口袋有很多用途，那么就需要对口袋做加固处理，甚至周围的面料也要连接衬布，以增加强力。口袋款式多样，因此设计时也要考虑它们的位置和外观效果。

（一）口袋类型

（1）嵌线袋。嵌线袋是一种美观且牢固的口袋，常用于夹克、长裤和半裙的后口袋（图2-95）。

（2）纽扣嵌线袋。带纽扣的嵌线袋大多用于长裤的后袋（图2-96）。

（3）扣襻嵌线袋。带扣襻的嵌线袋增加了口袋的安全性（图2-97）。

（4）带盖嵌线袋。有袋盖的嵌线袋非常适合采用质地紧密的面料制作（图2-98）。

（5）加固嵌线袋。加固嵌线袋非常适用于夹克和外套的口袋设计，加固的两端三角区增加了口袋承受能力，减少口袋的损耗和撕裂（图2-99）。

（6）曲线嵌线袋。另一种用于外套和夹克的流行口袋是曲线嵌线袋，它也可以用于半裙和长裤（图2-100）。

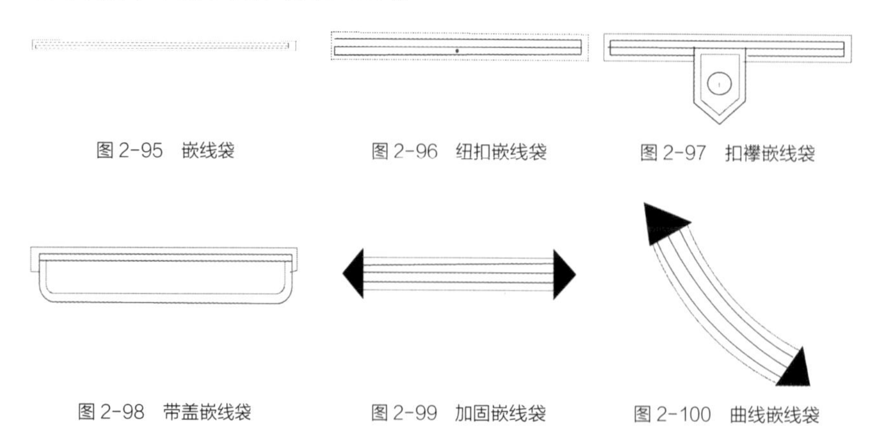

图 2-95　嵌线袋　　图 2-96　纽扣嵌线袋　　图 2-97　扣襻嵌线袋

图 2-98　带盖嵌线袋　　图 2-99　加固嵌线袋　　图 2-100　曲线嵌线袋

（7）斜插袋。长裤上常见的是斜插袋，它适用于各种面料（图2–101）。

（8）直插袋。与斜插袋类似，直插袋也同样流行和广泛适用（图2–102）。

（9）直插袋和零钱袋。直插袋和零钱袋广泛应用于牛仔裤（图2–103）。

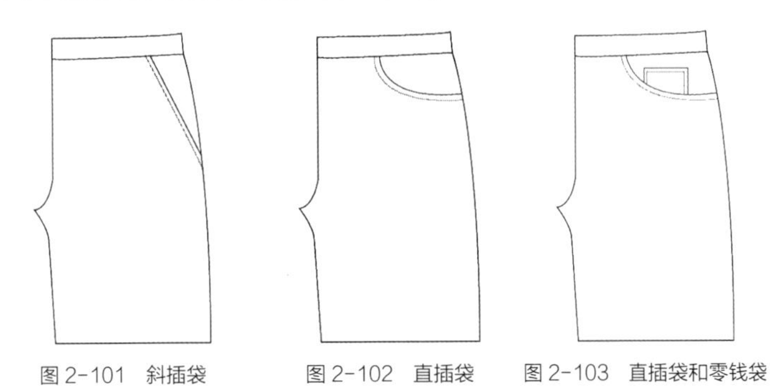

图2–101　斜插袋　　图2–102　直插袋　　图2–103　直插袋和零钱袋

（10）袋鼠式口袋。置于休闲绒衣的前片，多用弹性针织面料制作（图2–104）。

（11）箱式袋。有三角形插片的口袋容积很大，广泛用于外套、夹克、长裤和半裙（图2–105）。

（12）大贴袋。由军装演变而成，常用于长裤和半裙（图2–106）。

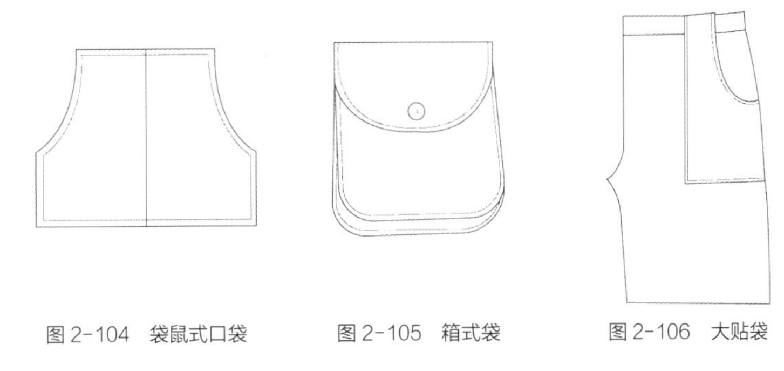

图2–104　袋鼠式口袋　　图2–105　箱式袋　　图2–106　大贴袋

（13）拉链嵌线袋。增添了拉链的嵌线袋增强了口袋的安全性，而且非常实用，适用于夹克和外套的主口袋（图2–107）。

（14）双贴袋。将一个口袋直接缝于另一个上面，是一种非常实用的款式（图2–108）。

（15）嵌线明贴袋。这款两重口袋可以用于衬衫和夹克的内口袋（图2–109）。

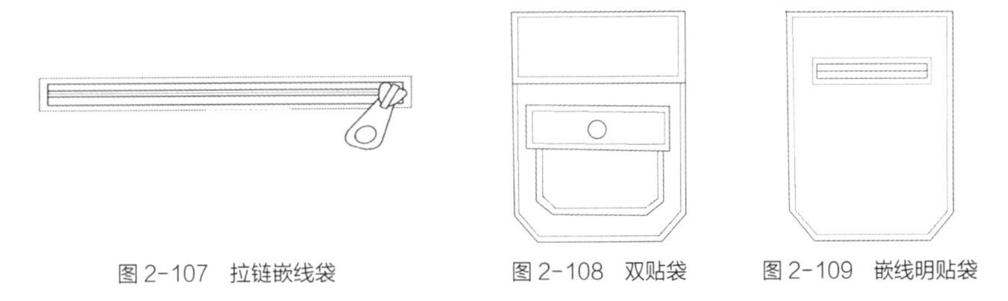

图2–107　拉链嵌线袋　　图2–108　双贴袋　　图2–109　嵌线明贴袋

（16）明贴袋。明贴袋具有多种用途和多种功能，常用于裙套装、夹克、长裤和衬衫（图2–110）。

（17）带盖明贴袋。有袋盖的明贴袋，能使服装的细节设计看起来更整洁（图2-111）。

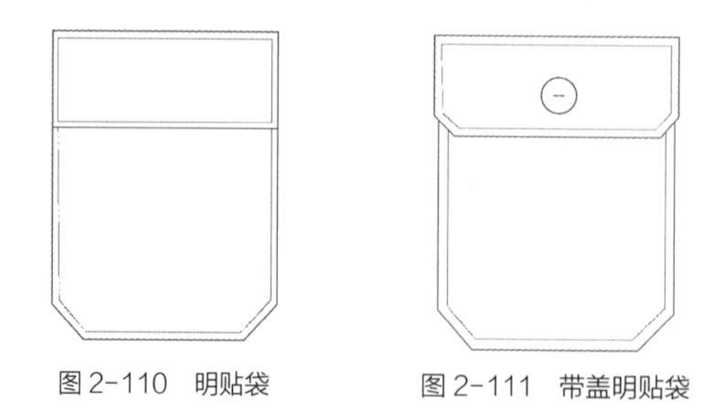

图2-110 明贴袋　　图2-111 带盖明贴袋

（二）各类款式的口袋

1.外套和夹克口袋

口袋在外套和夹克的设计中，常常被视为实用性的细节，但它们同样能成为整体造型的重要元素。不同形式的口袋不仅提供了便捷的存储空间，还能为服装增添个性与层次感。从经典的斜插口袋到时尚的翻盖口袋，每种设计都传递着独特的风格与功能（图2-112）。

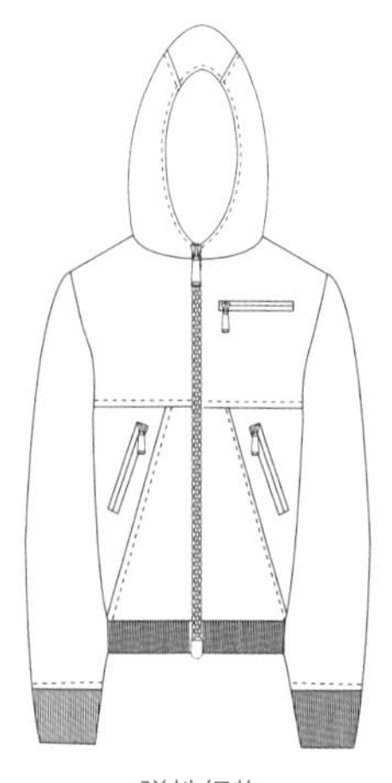
弹性织物

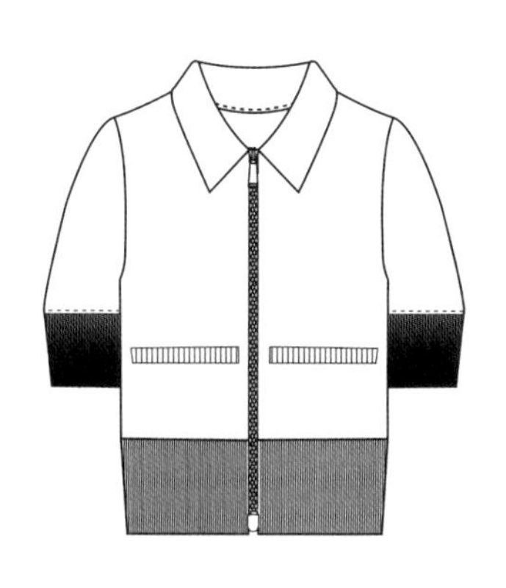
弹性织物

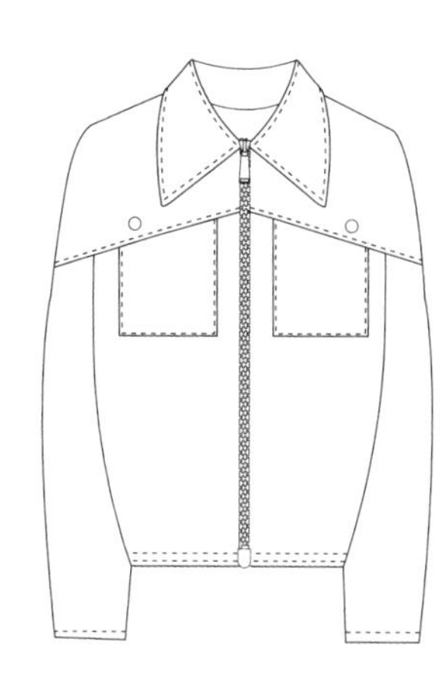
厚型机织物

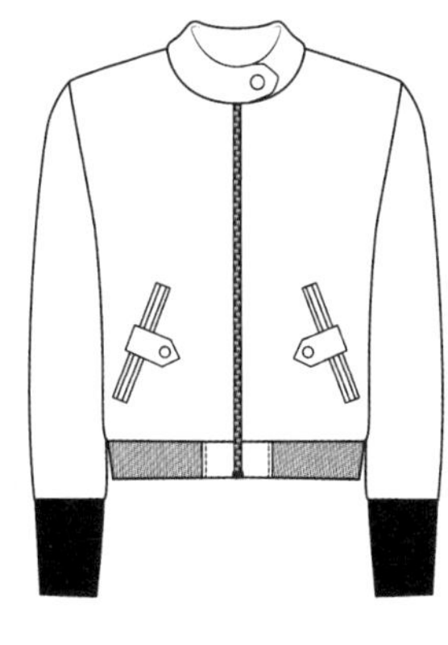
弹性织物

厚型机织物

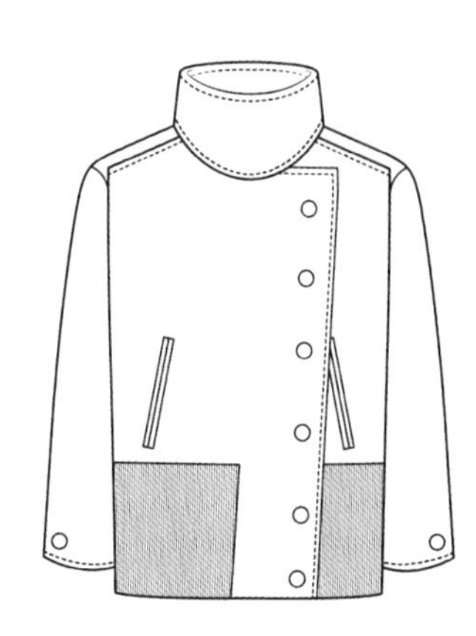
厚型机织物

图 2-112 外套和夹克口袋示范图

2. 衬衫和罩衫口袋

对于衬衫和罩衫的口袋设计要十分谨慎，需要认真考虑。需要注意的是，一些口袋也许仅有装饰作用，而不是功能性的用途（图2-113）。

薄型机织物

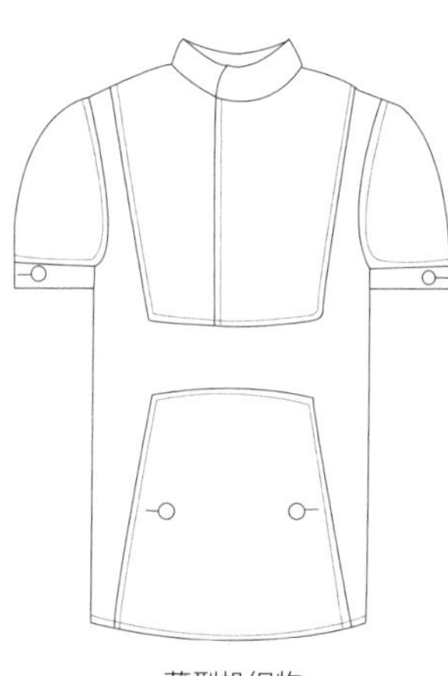
薄型机织物

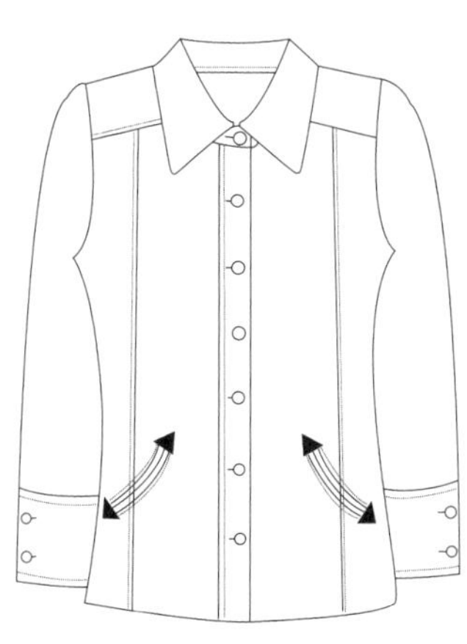
薄型机织物

图 2-113

图 2-113 衬衫和罩衫口袋示范图

3.短裤和长裤口袋

口袋在短裤和长裤的设计中，往往是功能与美观的结合点。它们不仅提供了便利的储物空间，还能通过不同的造型和布局，提升整体服装的时尚感。从经典的侧插口袋到独特的后袋设计，每种口袋都有其独特的风格和用途（图2-114）。

图2-114 短裤和长裤口袋示范图

4.半裙口袋

不管你的半裙口袋是不起眼的，还是服装的焦点所在，这里都有足够的款式可供选择。首先要保持半裙后口袋的功能性，然后考虑其他口袋的装饰性（图2-115）。

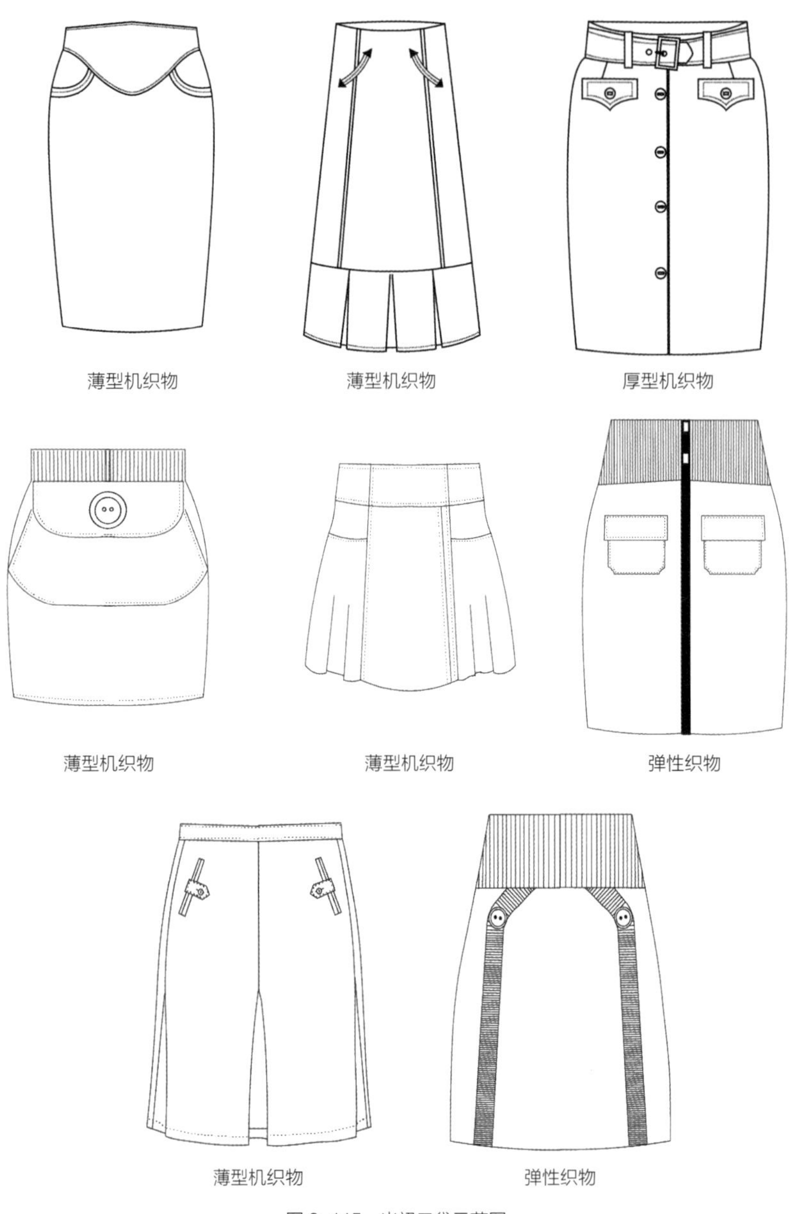

图 2-115 半裙口袋示范图

五、袖口

不管设计什么款式，袖口区域的设计都要与其他部位协调搭配，互相补充，同时还要便于穿脱。设计过程可以有很多方式，从调研中吸收精华部分，将其运用于袖口设计，这样可以把个性化带入袖口设计中，同时还要与整体设计协调。袖口有多种风格，从可以使你的袖子显得正式的双纽扣袖口，到增添休闲感的罗纹袖口，都可以激发你的创造力。

优秀的袖口设计要让胳膊和手能够轻松进出，所以要认真思考袖口的开口方式，并考虑这样的开口能否与你设想的袖口、袖子相协调。

（一）袖口类型

（1）风衣袖口。风衣袖口是外衣的标志性细节。它的款式来源于传统风衣，外观正式，有约束感。袖带的功能是紧固服装的手腕部位（图2-116）。

（2）绲边袖口。舒适的、休闲风格的袖口有一个永久性开口，并采用整洁的布边设计（图2-117）。

（3）带纽扣袖襻。常见于外套和夹克，袖襻上带有纽扣，增加了袖口的正式感（图2-118）。

（4）钥匙孔袖口。袖子底边开口处用纽襻和纽扣将之合并。这种款式的袖口适合轻薄织物或中厚机织物（图2-119）。

（5）松紧袖口。将一段松紧带夹缝于袖口边缘处，这种松度可调的袖口能够使手腕舒适（图2-120）。

（6）荷叶袖口。用有悬垂感的面料制作成漂亮、精致的荷叶边袖口，增添了女人味（图2-121）。

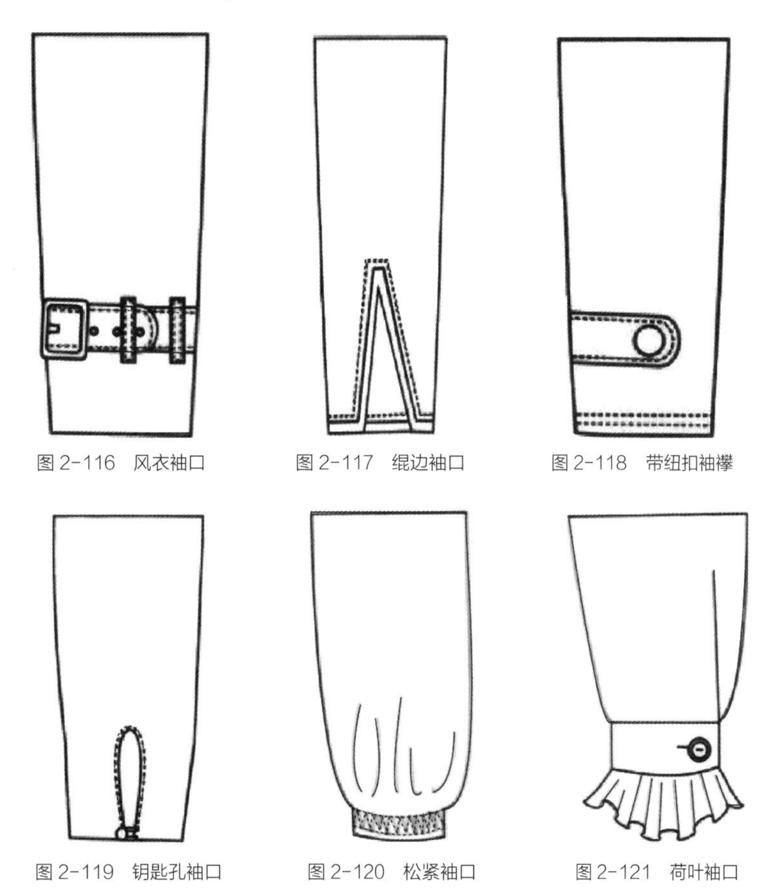

图2-116 风衣袖口　图2-117 绲边袖口　图2-118 带纽扣袖襻

图2-119 钥匙孔袖口　图2-120 松紧袖口　图2-121 荷叶袖口

（7）单纽扣袖口。单纽扣袖口在衬衫中很流行，通常在袖口背面有一个小开衩以便穿脱，并用一粒扣系合（图2-122）。

（8）袖开衩袖口。这种袖口提供了一个便于穿脱的简单开口方式（图2-123）。

（9）穿绳袖口。穿绳袖口就像穿绳紧身衣。你可以考虑用色彩对比强烈的绳子让袖口更显眼（图2–124）。

（10）贴边袖口。贴边袖口具有极简主义的外观效果，而且很容易设计，适用于大多数面料（图2–125）。

（11）绗缝袖口。袖口用环绕袖口的明线平行绗缝，具有时髦而简洁的外观效果（图2–126）。

（12）罗纹袖口。常见于休闲装或运动装。当手穿过袖口时，罗纹伸展开便于穿脱；手通过后，它又恢复原形，裹在手腕上（图2–127）。

（13）合体袖口。合体袖口上半部十分宽松，适用于大多数中厚型和轻薄型面料（图2–128）。

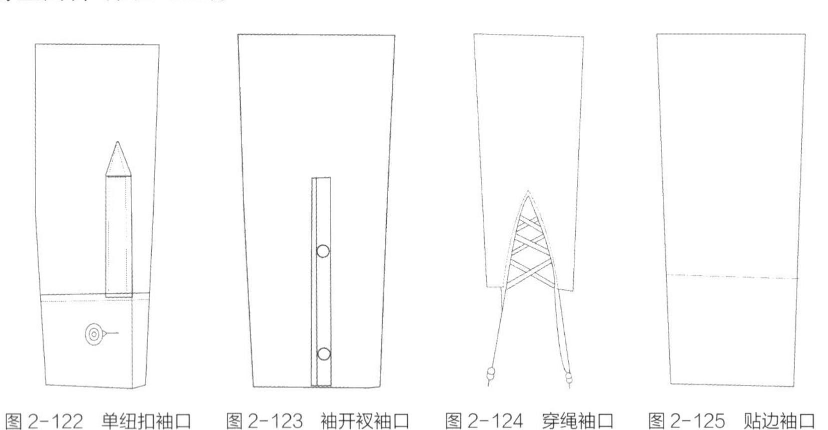

图2–122 单纽扣袖口 图2–123 袖开衩袖口 图2–124 穿绳袖口 图2–125 贴边袖口

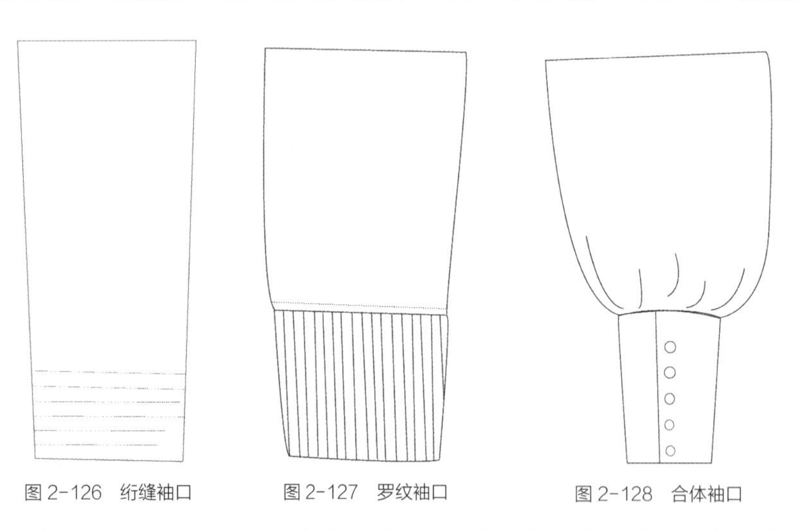

图2–126 绗缝袖口 图2–127 罗纹袖口 图2–128 合体袖口

（14）翻折袖口。将一个普通袖口的长度增加两倍，多出来的面料翻折回来形成翻折袖口。常用于正式衬衫，袖口部分用袖扣或一粒纽扣系合（图2–129）。

（15）开缝袖口。这一细节设计模仿自外套的后身设计。将之用于袖口时产生了时髦感，且具有功能性（图2–130）。

（16）拉链袖口。拉链袖口便于开合，简单易用，并且能够使手腕部位非常合体（图2–131）。

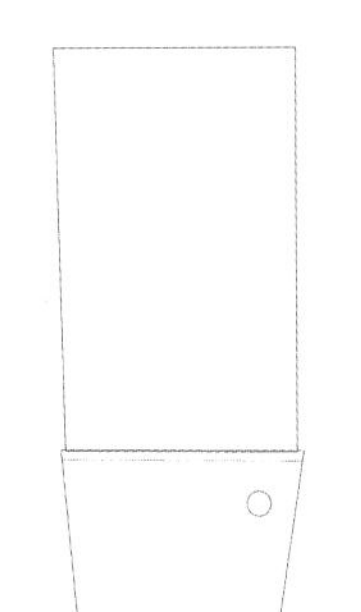

图 2-129 翻折袖口

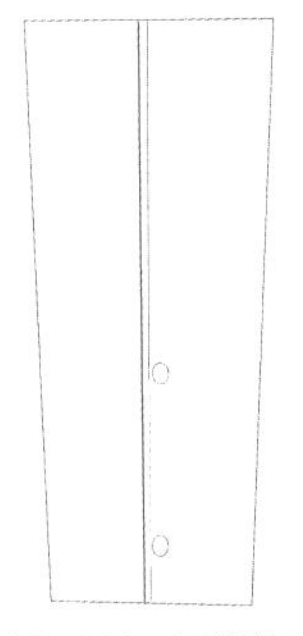
图 2-130 开缝袖口

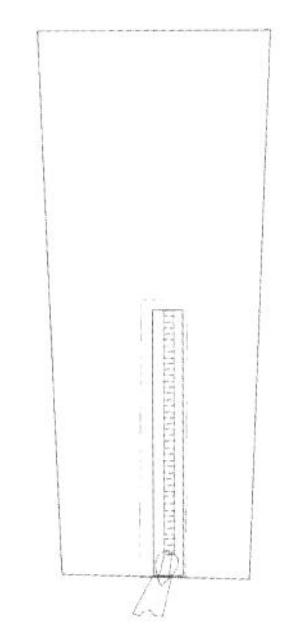
图 2-131 拉链袖口

（二）各类款式的袖口

1.外套夹克袖口

袖口的装饰性与功能性可以兼顾。设计袖口时，重新翻看你的创意版和调研手册，由调研激发灵感，进而决定如何设计袖口（图2-132）。

图 2-132 外套夹克袖口示范图

2. 衬衫和罩衫袖口

与服装其他细节一样，衬衫和罩衫袖口的设计要与全身设计相协调，这一简单细节不容忽视（图2–133）。

图 2–133 衬衫和罩衫袖口示范图

3. 上衣袖口

上衣的袖口设计要有创意，用设计主题或者灵感来源引导设计想法（图2-134）。

图2-134 上衣袖口示范图

4.针织衫袖口

针织物的弹性使其成为紧身合体袖口的理想材料，它能够紧贴手腕和手臂。也可以通过选择恰当的针法来制作宽松袖（图2-135）。

图2-135 针织衫袖口示范图

六、闭合方式

闭合方式是服装设计的主要部分。它是服装不可或缺的基本功能，而且具有装饰作用。闭合方式有多种款式变化，这里介绍的是一些最常用的闭合方式。

（一）闭合方式

（1）纽扣襻。纽扣襻用途广泛，装饰性与功能性兼备（图2–136）。

（2）D型环。D型环是各种扣环的替代品，而且非常有趣（图2–137）。

（3）襻扣。具有装饰性的闭合设计可以制作外套、夹克的门襟，富有特色（图2–138）。

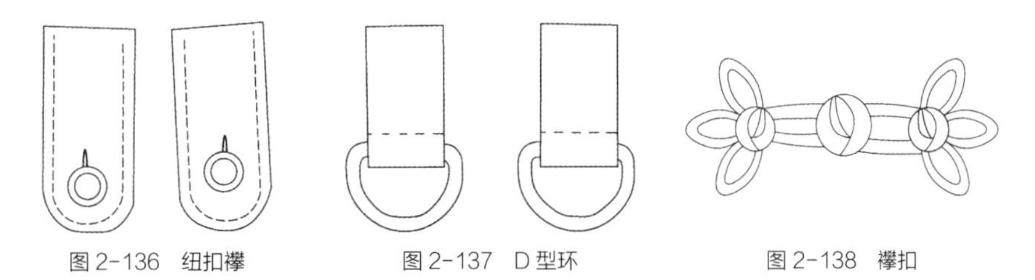

图2–136 纽扣襻　　图2–137 D型环　　图2–138 襻扣

（4）钩眼扣。钩眼扣是一种内敛的闭合方式，通常从表面看不到。钩子和钩眼相连接，可作为拉链的端头，或者数组钩眼扣排成一列构成门襟（图2–139）。

（5）钩襻。常用于裤腰的内侧（图2–140）。

（6）按扣。按扣非常实用，用途广泛，为外套、夹克和其他服装提供了一种简洁、内敛的闭合方式（图2–141）。

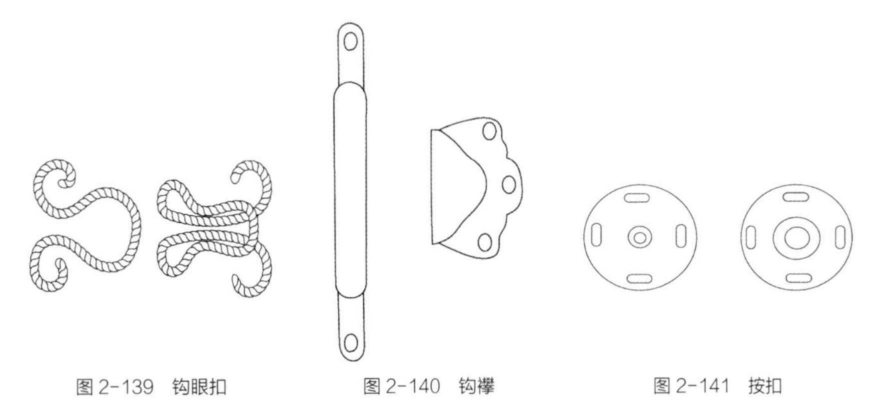

图2–139 钩眼扣　　图2–140 钩襻　　图2–141 按扣

（7）背带。最早是男装使用的闭合方式，但是最近几年在女装中较流行（图2–142）。

（8）蝴蝶结。蝴蝶结能够给衣服增添装饰效果，并且也是很实用的系结方法（图2–143）。

（9）皮带扣。经典的皮带扣是非常实用的设计，广泛应用于各种腰带上（图2–144）。

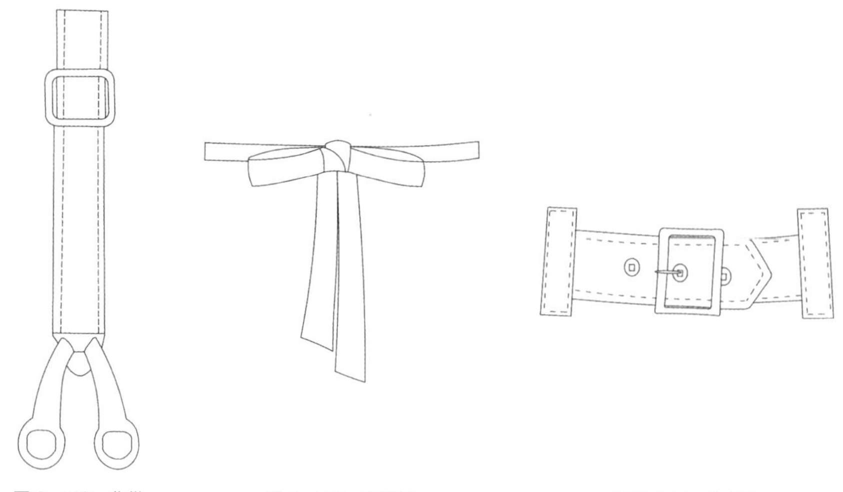

图2-142 背带　　图2-143 蝴蝶结　　图2-144 皮带扣

（10）抽带。休闲风格的闭合方式，可以用于腰部、下摆、袖口和领口（图2-145）。

（11）流苏。一种装饰性的设计，可以用于抽带的端头（图2-146）。

（12）穿绳。功能多样、实用的穿绳是一种装饰性闭合方式，可以用于领口、袖口、腰部和下摆（图2-147）。

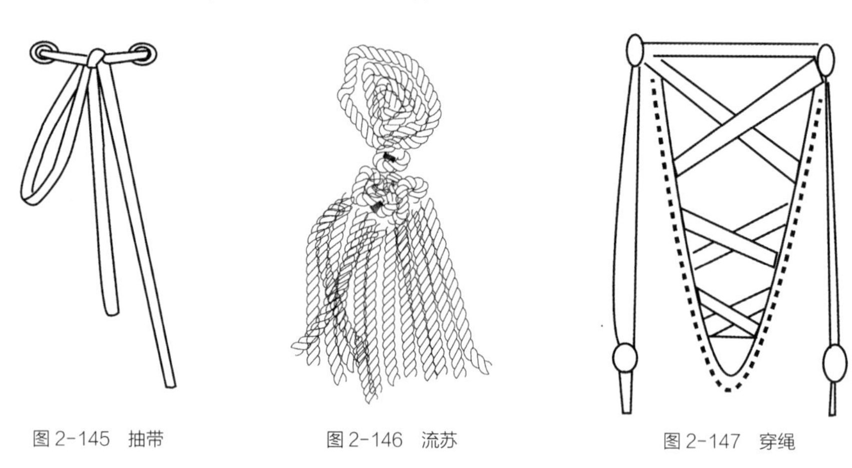

图2-145 抽带　　图2-146 流苏　　图2-147 穿绳

（13）闭口式拉链。可用于口袋、袖口和里襟的闭合（图2-148）。

（14）双头拉链。双头拉链从头到尾都能开口，因此可以用于外套、夹克的门襟，也很适合包、袋的闭合（图2-149）。

（15）开尾式拉链。拉链拉开时，两边的衣服能够全分离，这种拉链通常用于外套和夹克（图2-150）。

（16）纽襻。一种精巧的闭合方式，适用于领口、侧缝、袖口的闭合（图2-151）。

（17）纽扣。广泛用于前身门襟、暗门襟、扣袢和袖口（图2-152）。

（18）套锁扣。可以用于外套和夹克的前门襟，并成为服装的特色（图2-153）。

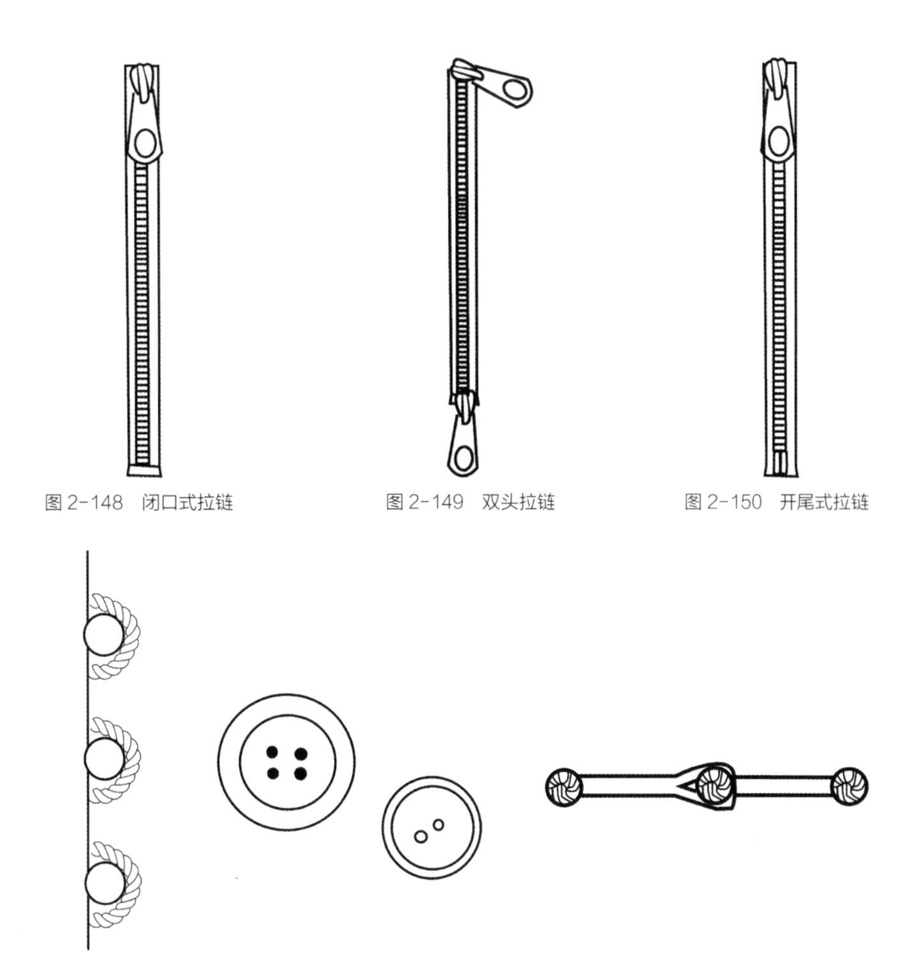

图 2-148 闭口式拉链　图 2-149 双头拉链　图 2-150 开尾式拉链

图 2-151 纽襻　图 2-152 纽扣　图 2-153 套锁扣

（二）各类款式的闭合方式

1.外套和夹克闭合方式

当设计外衣的闭合方式时，首先要考虑功能和舒适性。面料的种类决定采用哪种闭合方式。设计时可以参考调研结果，但不要忘记实用方面的考虑（图2-154）。

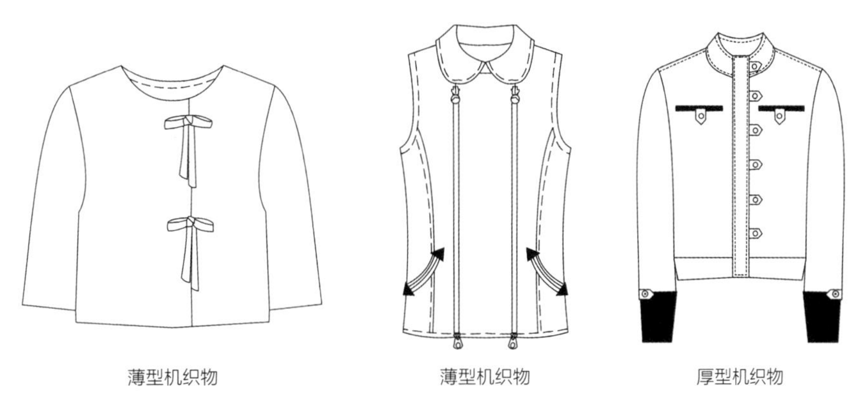

图 2-154

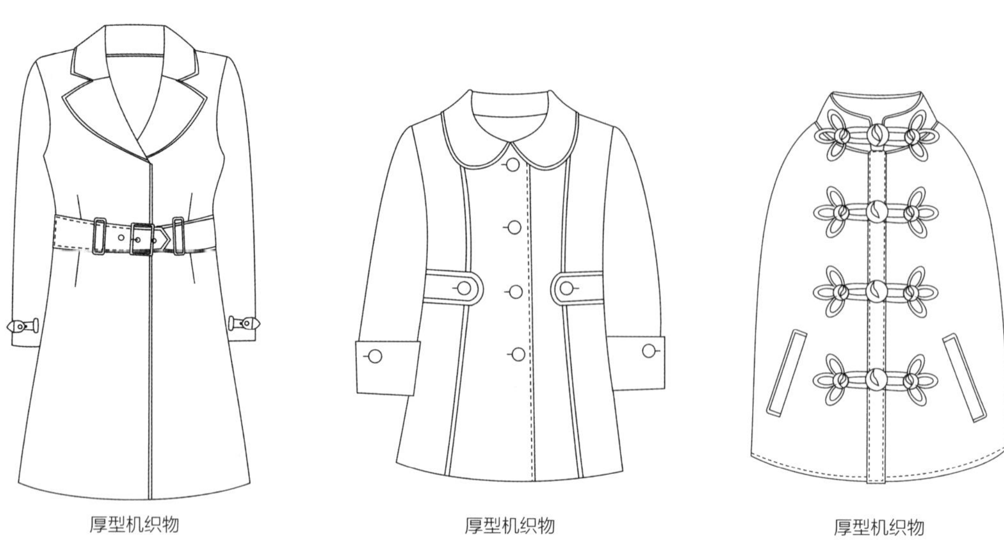

图2-154 外套和夹克闭合方式示范图

2. 衬衫和罩衫闭合方式

尝试为你的设计选择最合适的闭合方式，并用面料表达出最佳效果，同时不可忽视它的功能性和实用性。有的情况下闭合本身也会成为服装的特色之一（图2-155）。

图 2-155　衬衫和罩衫闭合方式示范图

3.短裤和长裤闭合方式

短裤和长裤的闭合方式具有装饰性和功能性，设计时需要考虑所选择的面料。它们可以是服装的主要特征与其他部分融合（图2-156）。

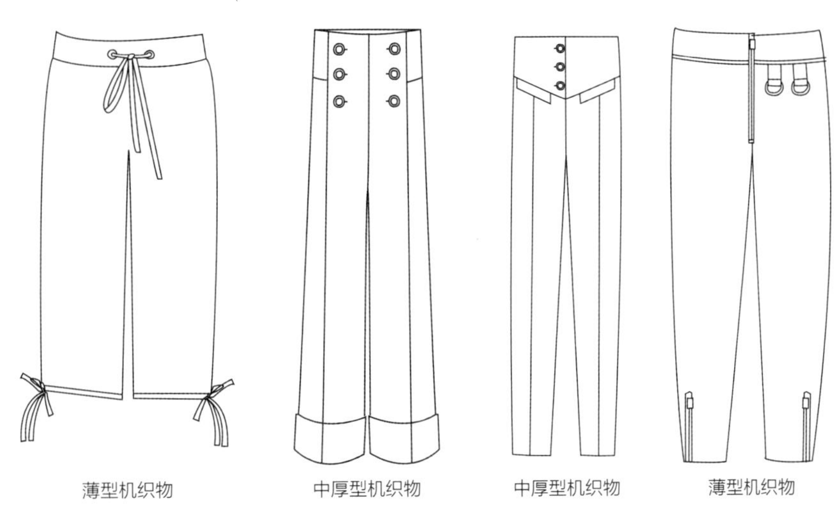

图 2-156

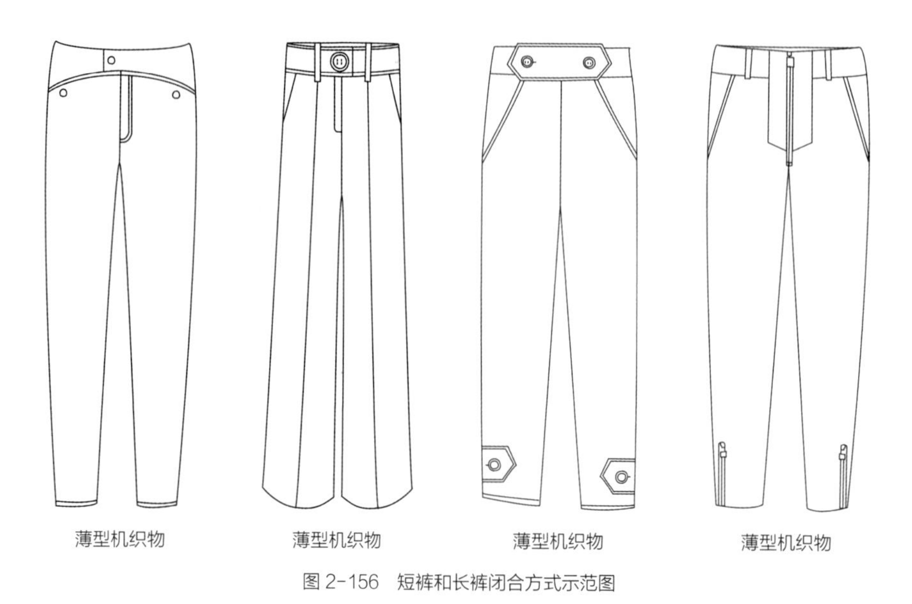

图 2-156 短裤和长裤闭合方式示范图

七、下摆

下摆不仅是服装的结束部位，防止服装面料脱散，同时也是时尚元素之一。如何将设计特征在下摆上表现是非常重要的。

（一）下摆类型

（1）长下摆。长下摆加长了廓型，底部几乎接近脚踝（图2-157）。

（2）中长下摆。中长下摆的位置刚好在膝盖部位（图2-158）。

（3）短下摆。短下摆的长度在大腿附近（图2-159）。

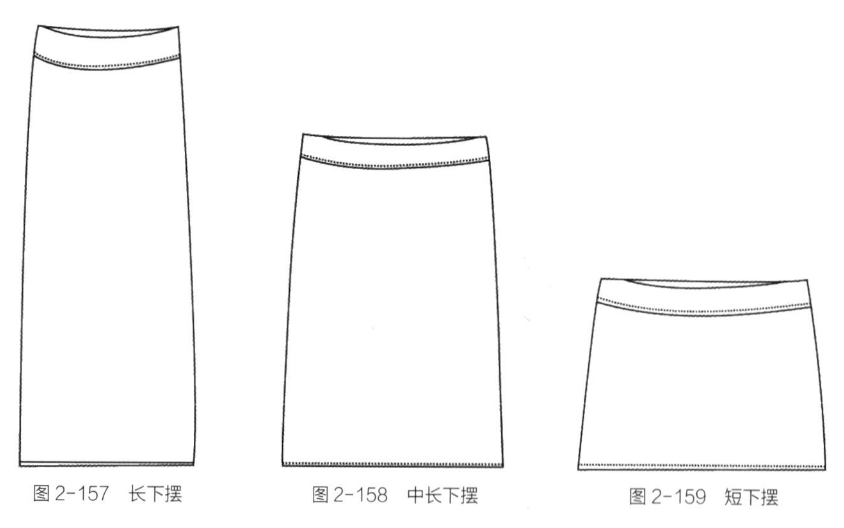
图 2-157 长下摆

图 2-158 中长下摆

图 2-159 短下摆

（4）单开衩。单开衩下摆可用于任何长度的裙子，用在前身或后身均可，它为人体活动提供了空间（图2-160）。

（5）围裹式。围裹式下摆适用于任何长度的半裙。由于这一下摆容易向后滑动，因此需加衬里（图2–161）。

（6）多层下摆。用对比色或者补色设计多层下摆能够取得非常理想的效果（图2–162）。

（7）不对称。不对称下摆的一边较长，一边较短（图2–163）。

（8）曲线型。曲线型下摆特别适合短裙或中长裙（图2–164）。

（9）手帕式。裙摆可设计在裙子的前片或后片，适用于短裙和中长裙（图2–165）。

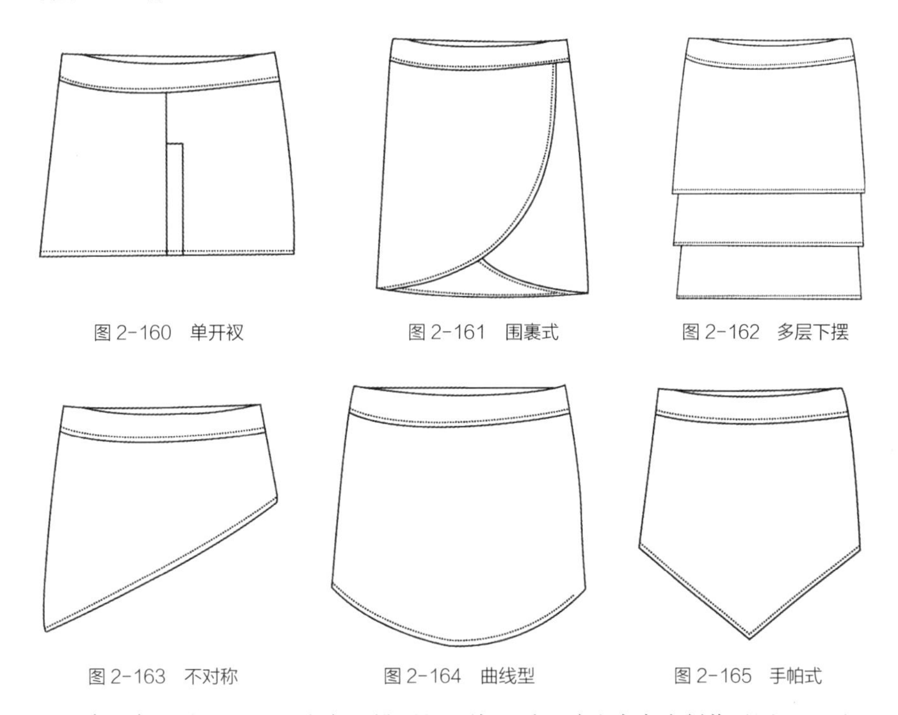

图2–160 单开衩　图2–161 围裹式　图2–162 多层下摆

图2–163 不对称　图2–164 曲线型　图2–165 手帕式

（10）波浪形。下摆有扇形排列的边缘，需要贴边来完成制作（图2–166）。

（11）翻折边。适合任何长度的裙子，可以用对比色或互补色面料来制作折边（图2–167）。

（12）可调节下摆。可调节下摆用侧襻改变裙子长度，并产生一种新的设计效果（图2–168）。

（13）抽带式。具有运动感，可以用弹性或机织面料制作（图2–169）。

（14）装饰式。采用斜裁绲边的形式，由明线缝制而成（图2–170）。

（15）百褶式。百褶式下摆曾流行于20世纪70年代，是一种经典的款式，适合大部分不同裙长（图2–171）。

（16）拼接荷叶边。这是一种装饰性的下摆，有女性的魅力，可用于超短、中长和腿肚长的裙子（图2–172）。

（17）流苏式。这种装饰性的下摆便于活动，流苏的长度可以调整（图2–173）。

（18）罗纹下摆。罗纹下摆在裙子底部收紧，下摆罗纹的宽度也可调整（图2–174）。

图2-166 波浪形　图2-167 翻折边　图2-168 可调节下摆

图2-169 抽带式　图2-170 装饰式　图2-171 百褶式

图2-172 拼接荷叶边　图2-173 流苏式　图2-174 罗纹下摆

（二）各类款式的下摆

1.外套和夹克下摆

要想设计可穿性强的服装，功能和款式是最重要的。外套或夹克的下摆必须要恰当，而且应该与服装款式相协调（图2-175）。

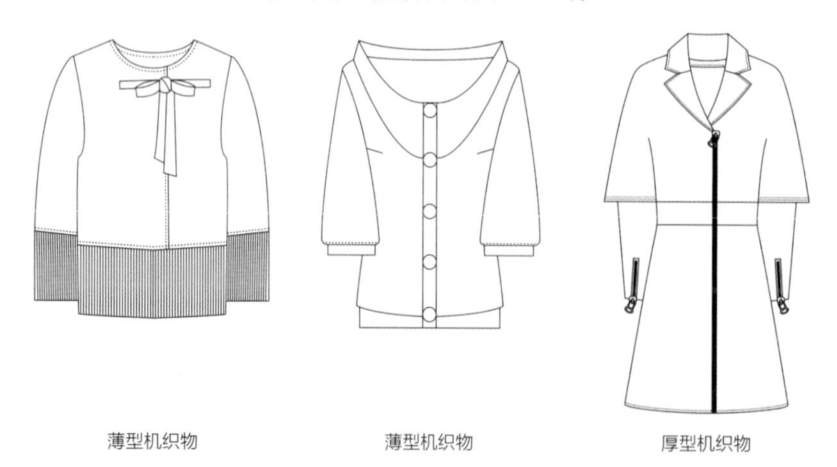

图2-175 外套和夹克下摆示范图

2.短裤和长裤下摆

短裤和长裤的下摆必须兼具功能性和时尚感。做调研和探索设计理念都能够帮助你决定合适的款式。在设计中，需平衡各个细节的比例关系，创造出协调的、有创意的下摆设计（图2-176）。

3.半裙下摆

设计半裙的下摆时，需认真考虑面料，尝试它的强度，也要注意保持其实用性和可穿度（图2-177）。

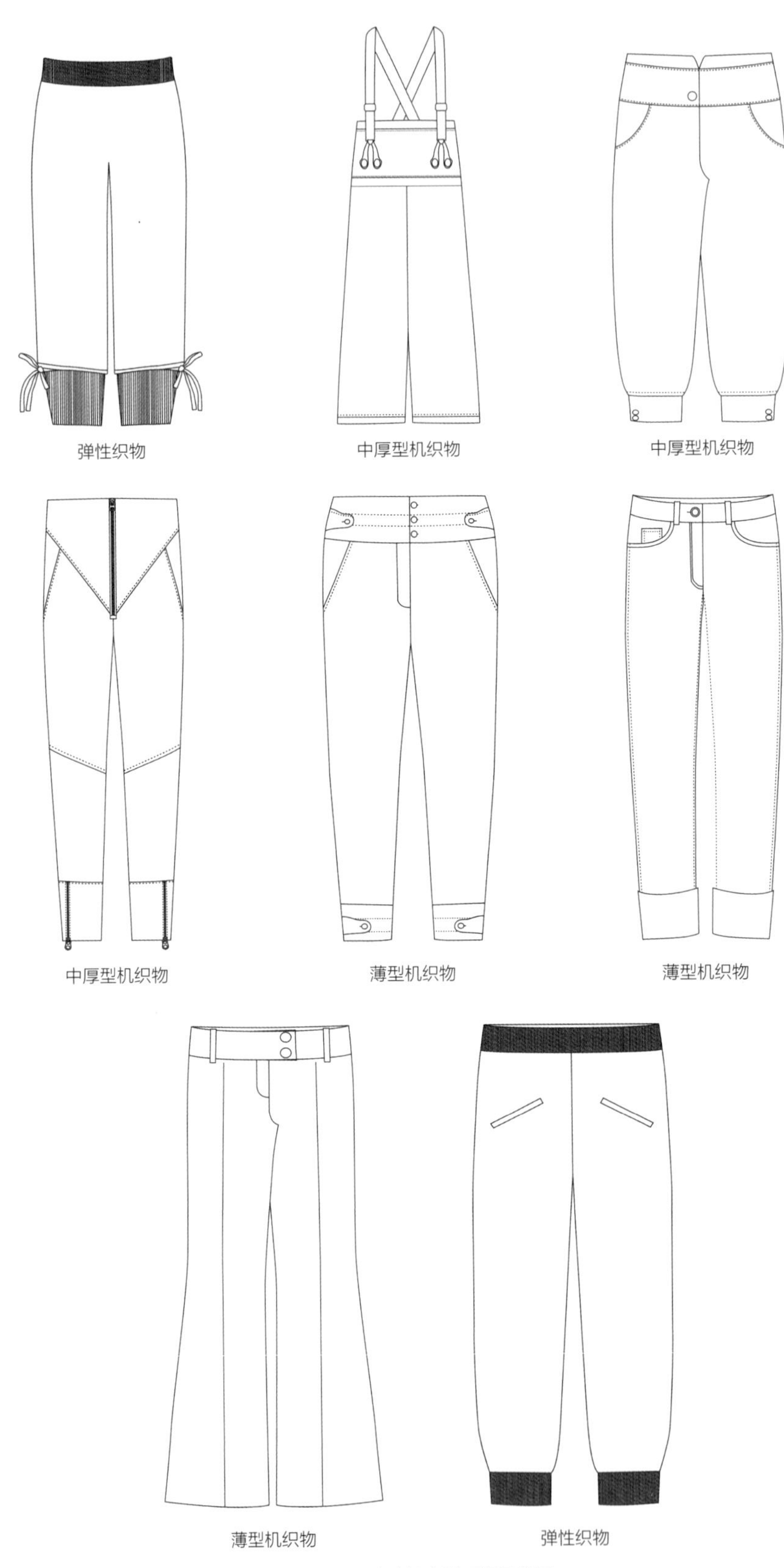

图 2-176 短裤和长裤下摆示范图

图 2-177　半裙下摆示范图

4.连衣裙下摆

连衣裙的下摆决定了整套服装的外观和设计效果。设计受调研的影响，使用适宜的面料来完成所需的下摆类型（图2-178）。

图2-178 连衣裙下摆示范图

5. 针织衫下摆

从灵感来源中找出想法，选一种能达到设计要求的针织线。针织物给设计师提供了一个富于冒险性的、创意十足的设计空间，把它们用到下摆设计中去，寻找时尚的、令人兴奋的设计构思类型（图2-179）。

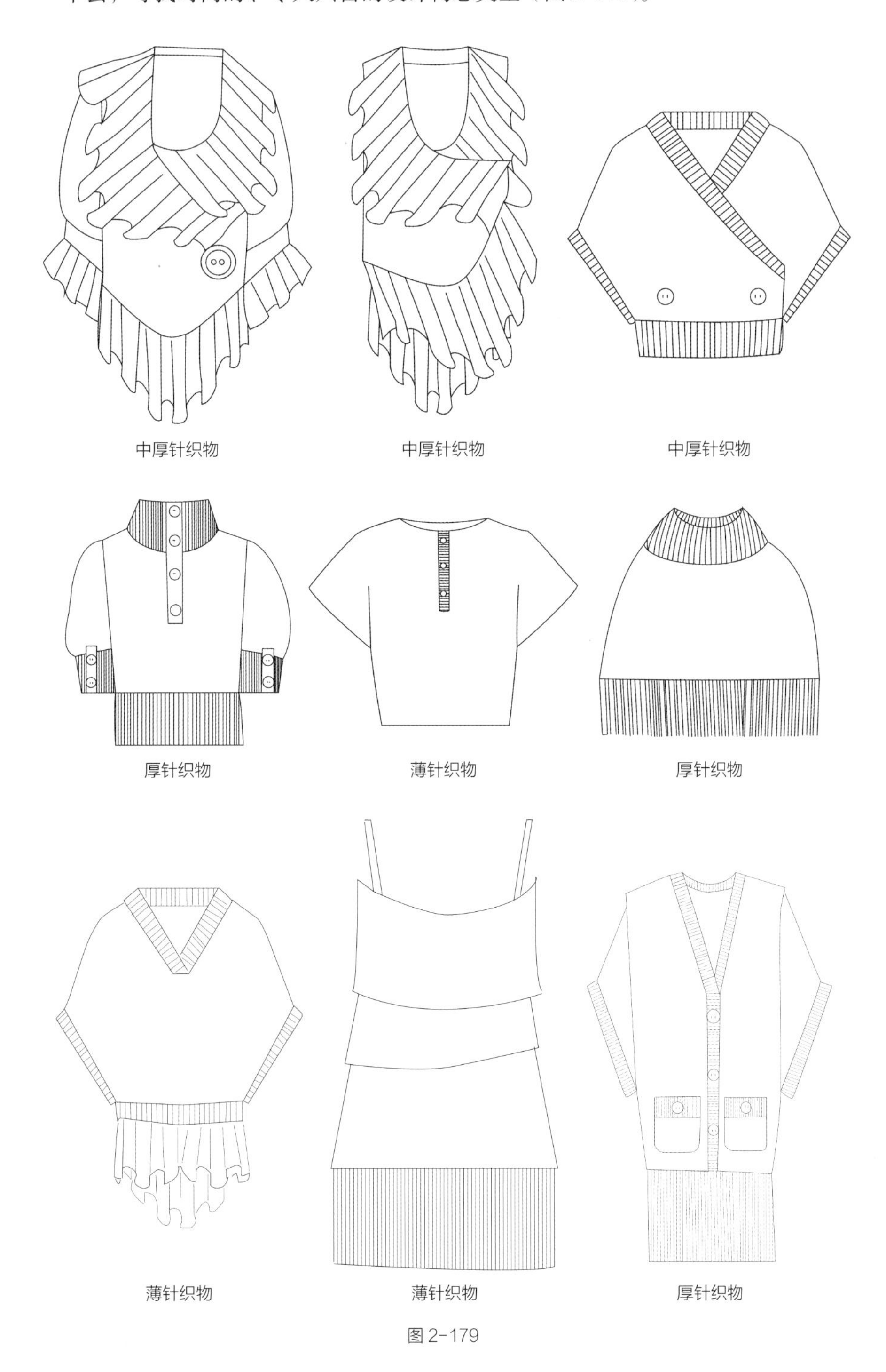

图2-179

中厚针织物

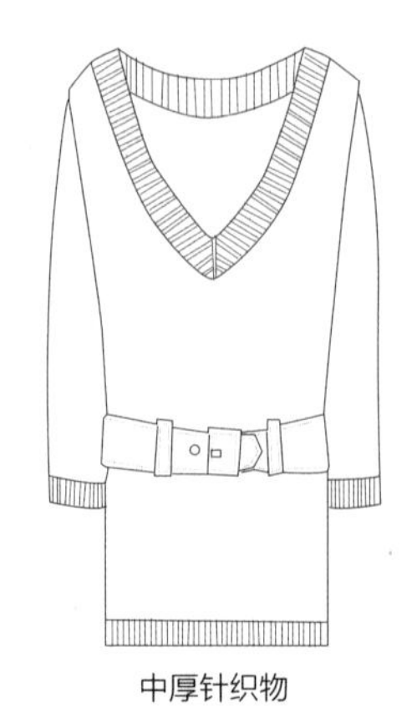

中厚针织物

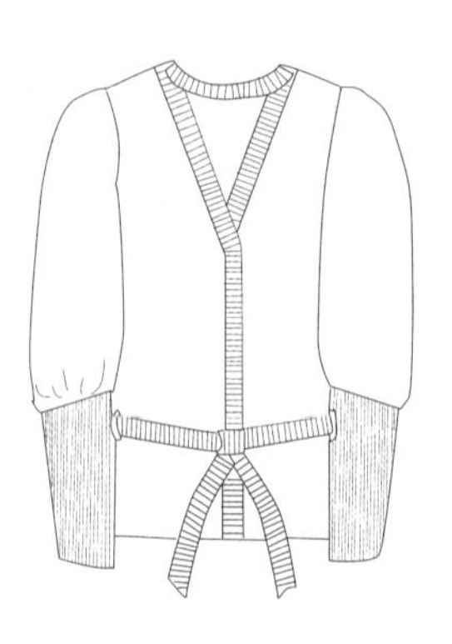

中厚针织物

图 2-179 针织衫下摆示范图

第三章

Photoshop 在服装设计中的应用

教学目标：

通过介绍Photoshop软件在服装设计中的应用，使学生掌握图像处理工具在服饰品效果图后期处理中的技巧，理解其在提升设计作品表现力中的作用。

教学内容：

1. 基础操作与界面布局
2. 创建动作制作服装面料图案
3. 服装效果图后期处理与修饰技法

教学课时： 16课时

教学重点：

1. Photoshop在服饰品效果图后期处理中的技巧
2. 服饰品面料图案的数字化创作

课前准备：

1. 安装Photoshop软件，并尝试工具操作
2. 收集服饰品效果图后期处理的案例

在服装设计中，Photoshop软件扮演着至关重要的角色。它不仅是一个强大的图像处理工具，还能帮助设计师们将创意与视觉元素完美融合。通过Photoshop，设计师可以轻松调整色彩、纹理和图案，对设计进行精细化处理，从而创造出独特而引人注目的服装设计作品。无论是在初步构思阶段进行草图设计，还是在后期制作中对服装效果进行修饰和优化，Photoshop都是服装设计师不可或缺的得力助手。

第一节 基础操作与界面布局

一、界面布局

Photoshop的基础操作与界面布局为设计师提供了一个高效且直观的工作环境。其界面通常分为菜单栏、状态栏、工具栏、工作区和面板栏等几个主要部分，每个部分都承载着特定的功能（图3–1）。

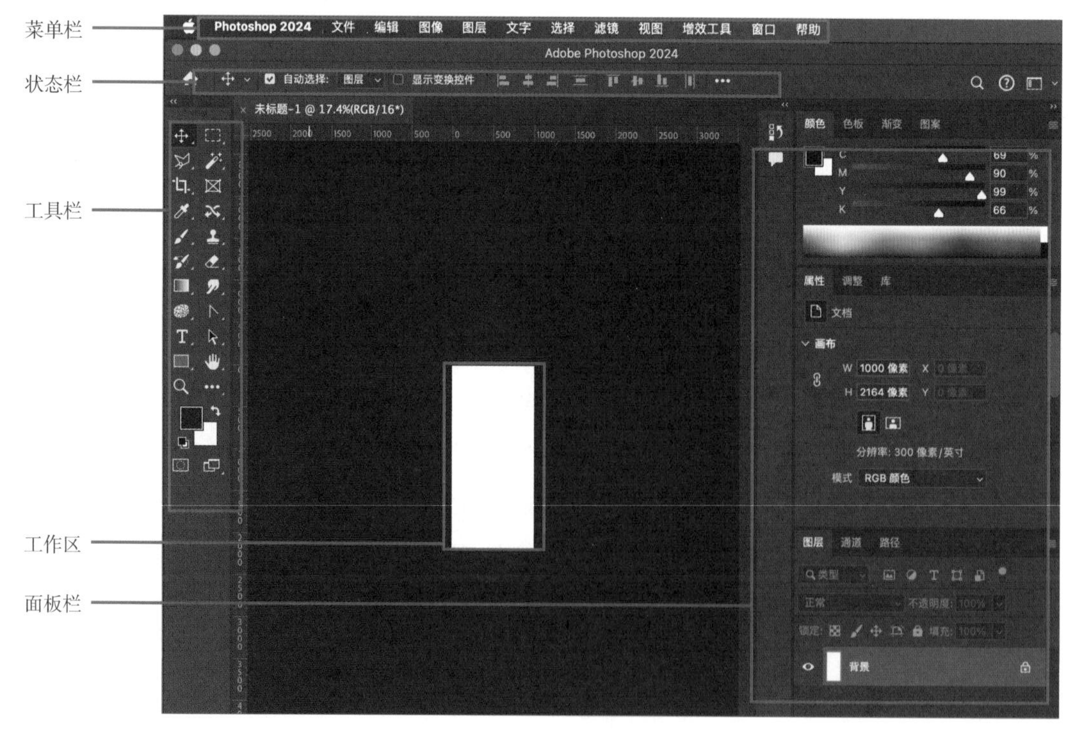

图3–1 界面布局

设计师可以访问菜单栏各种命令和设置；工具栏则提供了丰富的绘图和编辑工具，帮助设计师快速完成各种设计任务；画板是设计师展示创意的空白画布，可以根据需要调整大小和数量；而工作区则是设计师进行实际操作的区域，可以自由地移动、缩放和旋转设计元素。熟悉这些基础操作和界面布局，对于提高设计效率和创作质量至关重要。

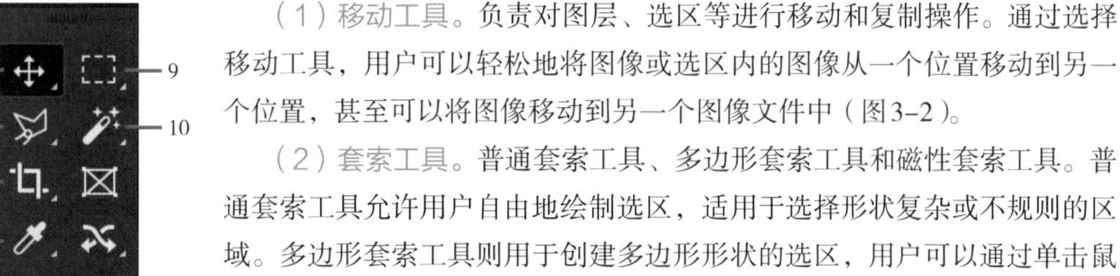

二、工具栏基础工具

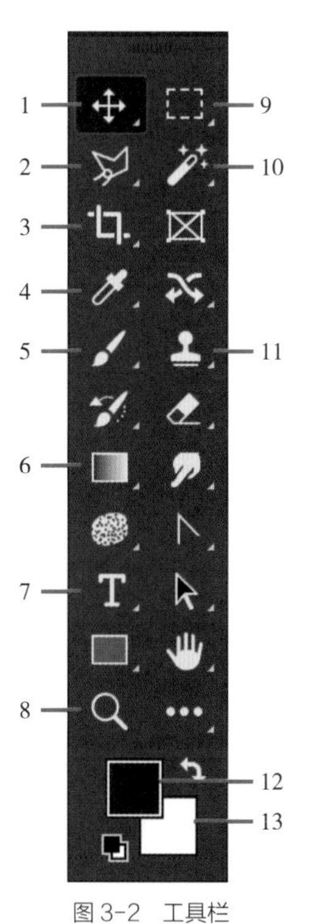

图 3-2 工具栏

（1）移动工具。负责对图层、选区等进行移动和复制操作。通过选择移动工具，用户可以轻松地将图像或选区内的图像从一个位置移动到另一个位置，甚至可以将图像移动到另一个图像文件中（图3-2）。

（2）套索工具。普通套索工具、多边形套索工具和磁性套索工具。普通套索工具允许用户自由地绘制选区，适用于选择形状复杂或不规则的区域。多边形套索工具则用于创建多边形形状的选区，用户可以通过单击鼠标来定义多边形的顶点。而磁性套索工具则是一种智能选择工具，它能够根据图像的边缘自动选择区域，使得选择过程更加准确和快捷。

（3）裁切工具。使用裁切工具时，设计师可以在工具栏中选择该工具，并在图像上拖动鼠标以创建一个裁剪框。这个裁剪框定义了将要保留的图像区域，而裁剪框外部的区域将被删除。设计师可以通过拖动裁剪框的边缘和顶点来调整其大小和位置，以达到理想的裁剪效果。

（4）吸管工具。通过吸管工具，设计师可以快速地选择并复制图像中某个区域的颜色，然后将其设置为新的前景色或背景色。

（5）画笔工具。画笔工具是一个强大且灵活的工具，它允许用户以手绘的方式对图像进行绘制和编辑。画笔工具可以用来绘制线条、形状、涂抹颜色以及创建各种艺术效果。使用画笔工具时，设计师可以选择不同的笔刷类型、大小和硬度，以达到所需的绘画效果。

（6）渐变工具。渐变工具是一个非常强大且灵活的工具，它可以帮助用户创建平滑的颜色过渡效果，从而为设计作品增添更为丰富的视觉效果。渐变工具提供了多种渐变方式，包括线性渐变、径向渐变、角度渐变、对称渐变和菱形渐变。这些渐变方式可以根据设计需求进行灵活选择和应用。

（7）文字工具。通过文字工具，设计师可以在Photoshop中直接输入和编辑文字，从而对设计作品进行标注、说明或者创作文字艺术效果。

（8）缩放工具。非常重要的辅助工具，它允许用户根据需要放大或缩小图像的视图，以便更好地观察和编辑图像的细节。这个工具并不会改变图像的实际大小或分辨率，而只是改变图像在屏幕上的显示比例。

（9）选框工具。使用选框工具可以创建矩形、椭圆、单行或单列选区，以便对特定区域进行编辑和操作，只需在图像上拖动鼠标，即可创建一个矩形的选择框。

（10）魔术棒工具。使用魔术棒工具时，设计师只需点击图像中想要选择的颜色的某个部分，魔术棒就会自动选择与点击位置颜色相同或相似的区域。

（11）仿制图章工具。其主要功能是在图像中复制并粘贴特定区域的像素，从而实现图像的修复、遮盖或添加特殊效果。使用仿制图章工具时，需要先定义一个采样点，也就是指定一个原始区域作为复制的源。然后，通过在目标位置进行绘制，仿制图章工具会将采样点的像素复制到目标位置，从而创建一个与采样点相似的区域。

（12）设置前景色。前景色是用户在进行绘图、填充或描边等操作时将使用的颜色。

（13）设计背景色。背景色是与前景色相对应的一个概念，它通常用于定义图像或图层的背景颜色。与前景色一样，背景色也可以在绘图、填充或其他操作中起到关键作用。

按“D”键可以将前景色和背景色重置为默认的黑白色。

按“X”键可以在前景色和背景色之间切换。

第二节 创建动作制作服装面料图案

一、元素接版动作的创建

（一）创建动作一

①在窗口—动作中打开动作面板（图3–3）。

②新建动作组：1000—1000，点击确定（图3–4）。

③新建动作：1000—1000new，开始记录（图3–5）。

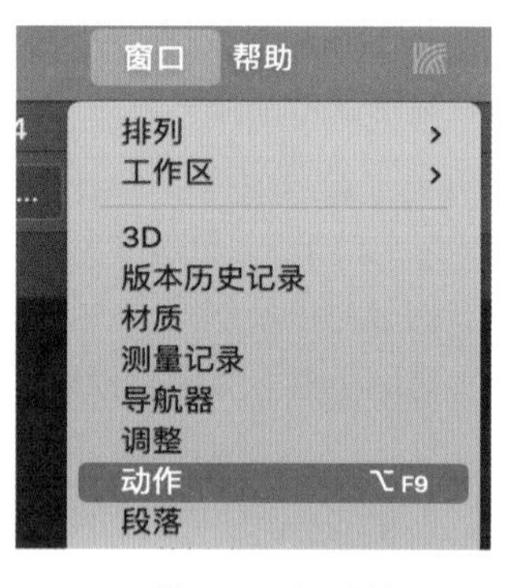

图3-3 窗口列表

图3-4 新建动作组

图3-5 新建动作一

（二）更改画布和动作大小

①点击文件—新建，更改画布大小（宽度1000，高度1000），单位（像素），分辨率（200像素/英寸）点击创建（图3-6）。

②点击图像—画布大小，宽度和高度各增加10像素。扩展颜色为黑色，点击确定（图3-7）。

③点击图像—画布大小，宽度2000（像素），高度2000（像素），扩展颜色白色，点击确定（图3-8）。

④点击动作面板右上角栏，选择插入菜单项目。点击视图—按屏幕大小缩放并点击确定（图3-9、图3-10）。

⑤第一个动作完成，停止记录（图3-11、图3-12）。

图3-6 新建画布

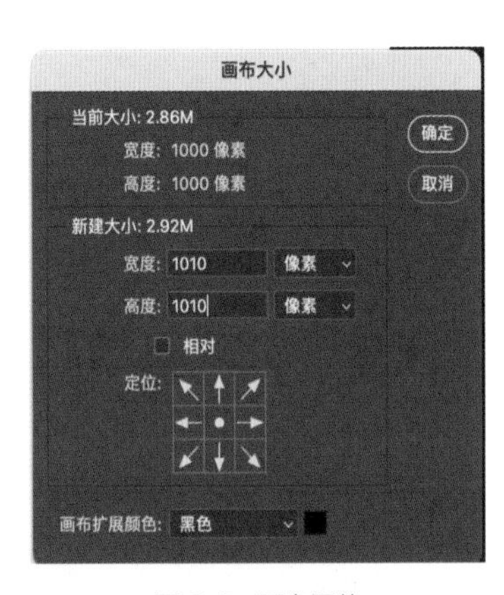

图3-7 画布调整

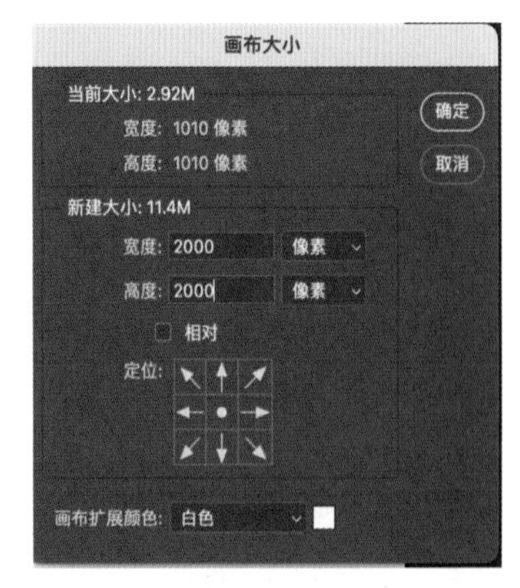

图3-8 二次调整

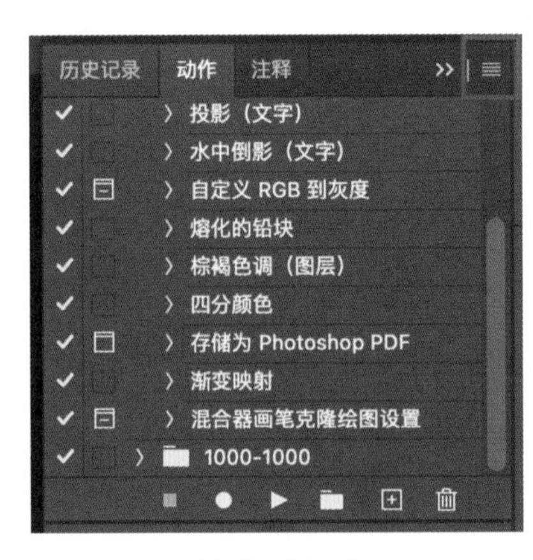

图3-9 动作面板

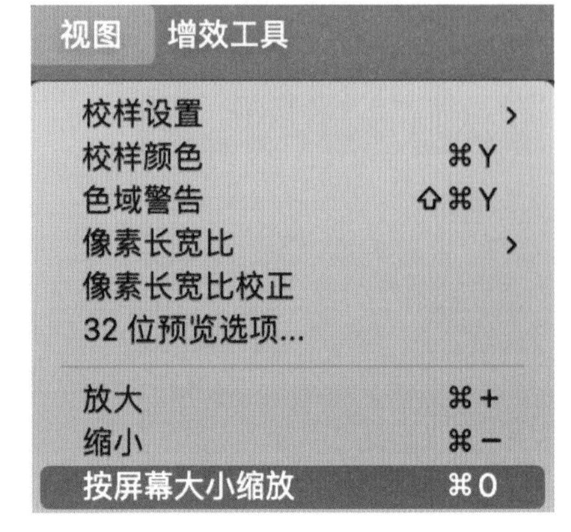

图3-10 视图列表

图3-11 插入菜单项目

图3-12 结束动作

（三）创建动作二

①新建图层，使用画笔工具在方形左上角绘制圆形（图3–13）。

②创建第二个动作：copy，点击记录（图3–14）。

③将新建图层拖入下方添加图层图标中进行图层拷贝（图3–15）。

④点击编辑—变换—缩放，点击左上角三角形图标，X：1000（像素），Y：500（像素），回车键确认（图3–16）。

⑤点击图层界面右上角栏，选择向下合并，点击编辑—变换—缩放，X：0（像素），Y：1000（像素），回车键确认（图3–17）。

⑥继续向下合并。点击动作右上角栏，插入菜单项目—视图—按屏幕大小缩放。第二个动作完成，停止记录（图3–18）。

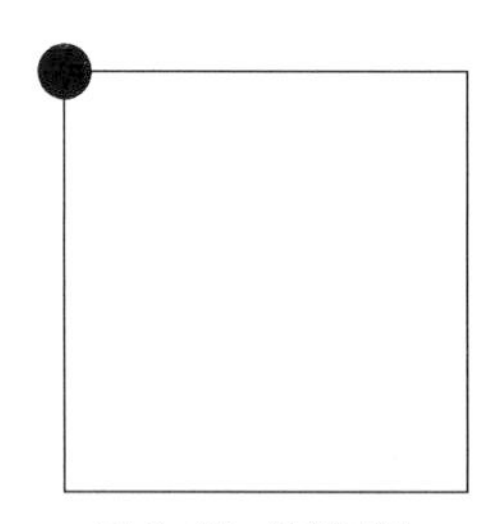

图3–13 绘制圆形

图3–14 新建动作二

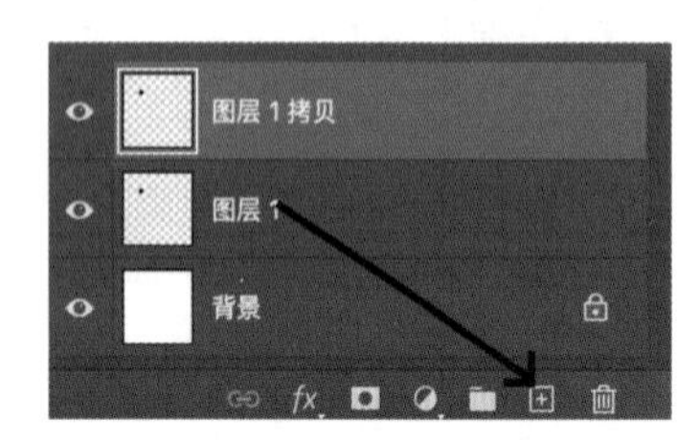

图3–15 拷贝图层

图3–16 更改数值

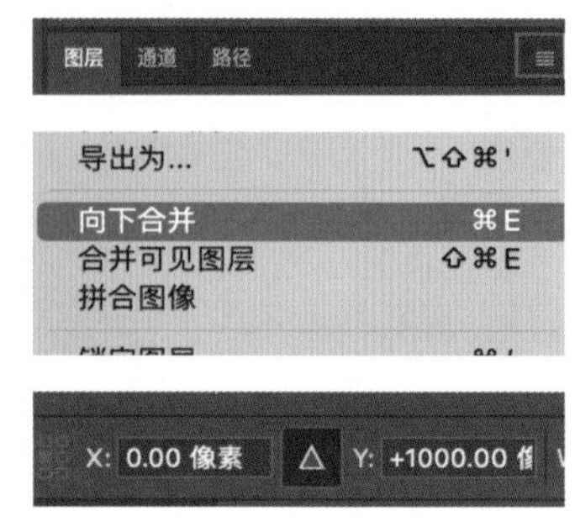

图3–17 合并图层

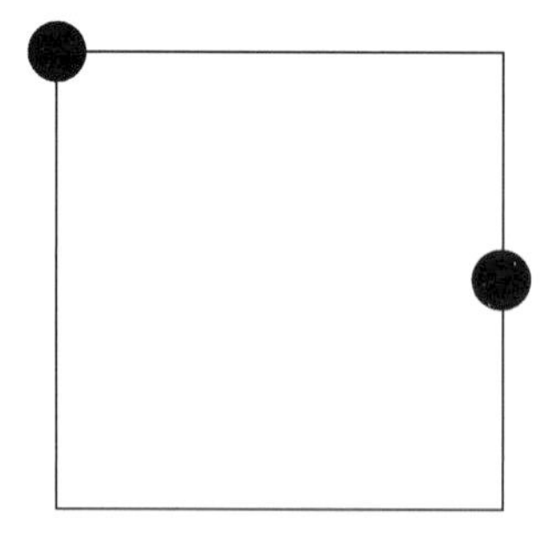

图3–18 最终效果

（四）创建动作三

①新建动作：cut点击记录（图3–19）。

②点击图像—画布大小，宽度1000（像素），高度1000（像素），点击确定（图3–20）。

③使用裁切工具点击画布，按两次回车键清除画框以外的内容。点击动

作右上角栏，插入菜单项目—按屏幕大小缩放，第三个动作完成，停止记录（图3-21）。

图3-19　新建动作三

图3-20　更改画布

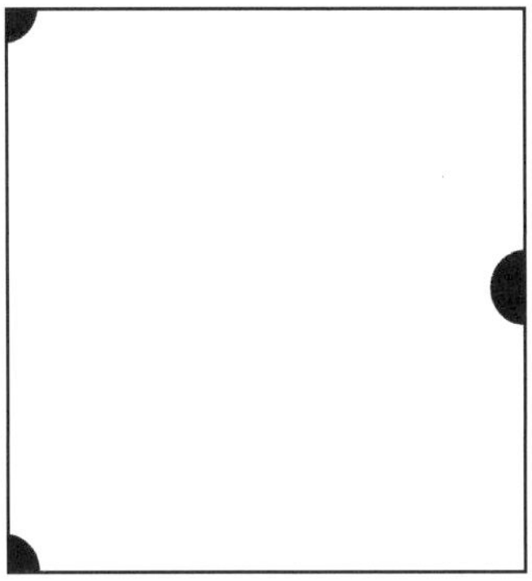

图3-21　最终效果

（五）创建动作四

①新建动作：1000—1000end，点击记录（图3-22）。

②点击图像—画布大小，宽度:2000（像素），高度:1000（像素），定位：由左向右扩展，点击确定（图3-23）。

③点击选框工具，更改样式：固定大小，宽度：1000（像素），高度：500（像素）（图3-24）。

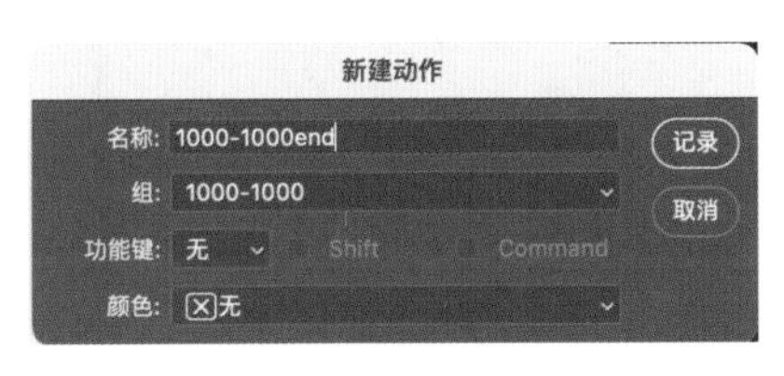

图3-22　新建动作四

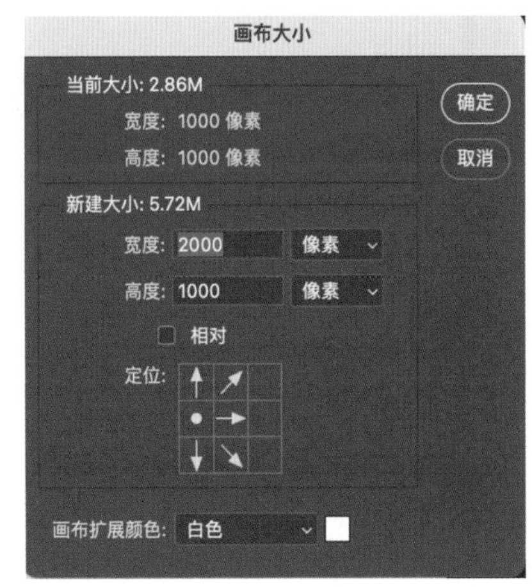

样式: 固定大小　宽度: 1000 像　高度: 500

图3-24　选框工具

图3-23　更改画布

④点击左上角顶点外区域建立选区（图3-25）。

按住Ctrl+Alt键拖动选区与右下角重合（图3-26）。

点击左下角顶点外区域建立选区。

按住Ctrl+Alt键拖动选区与左上角重合（图3-27）。

⑤点击图像—画布大小，宽度2000（像素），高度2000（像素），定位：由上向下扩展，点击确定（图3-28）。

⑥点击选框工具，样式：固定大小，宽度2000（像素），高度1000（像

素），点击画布正上方外一点建立选区，按住Ctrl+Alt键拖动选区与下方重合（图3-29）。

⑦点击选择—取消选择，点击动作右上角栏，选择插入菜单项目，继续点击视图—按屏幕大小缩放，点击确定（图3-30）。

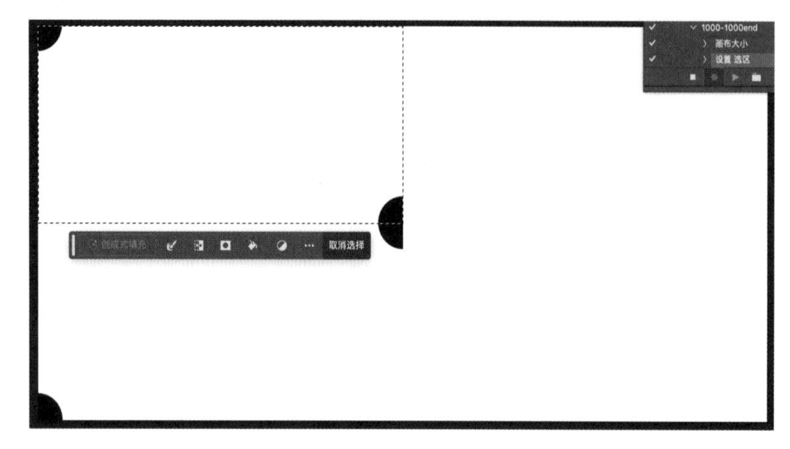

图3-25 建立选区

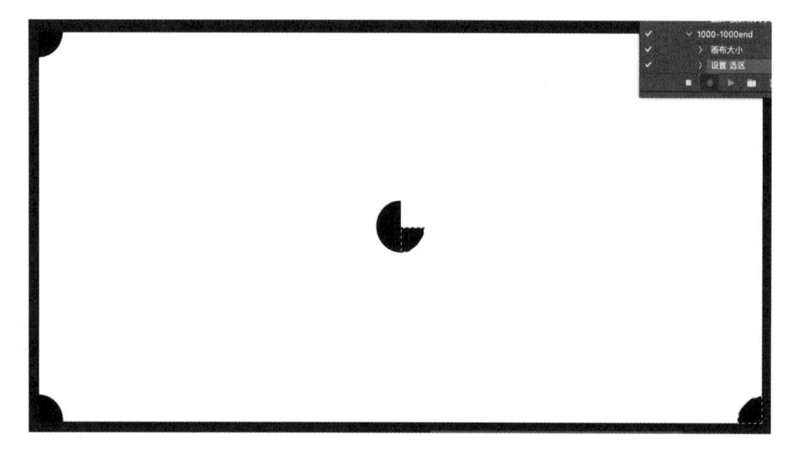

图3-26 移动选区

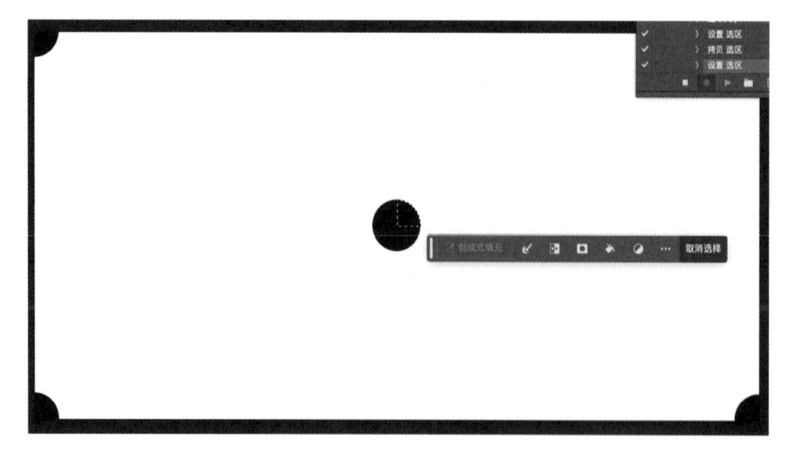

图3-27 最终效果

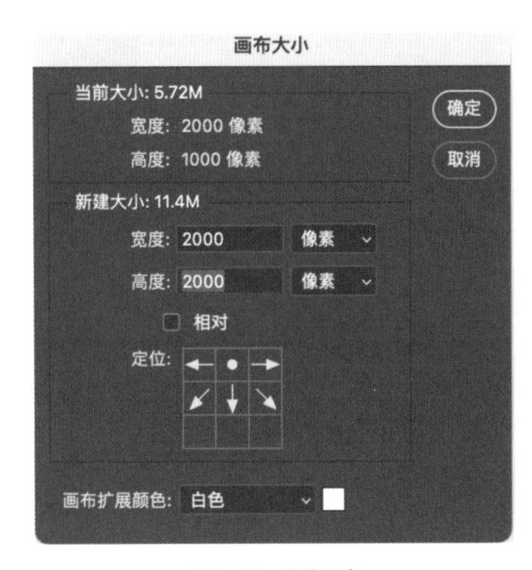

图 3-28 更改画布

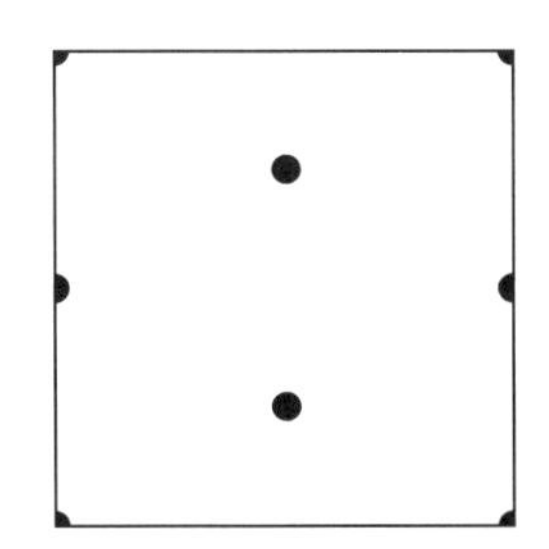

图 3-29 最终效果

图 3-30 取消选择

第四个动作完成，停止记录。

元素接版动作的创建完成。

二、元素接版动作的使用

使用元素接版动作可以生成一系列四方连续图案，以下为作品展示（图3-31～图3-37）。

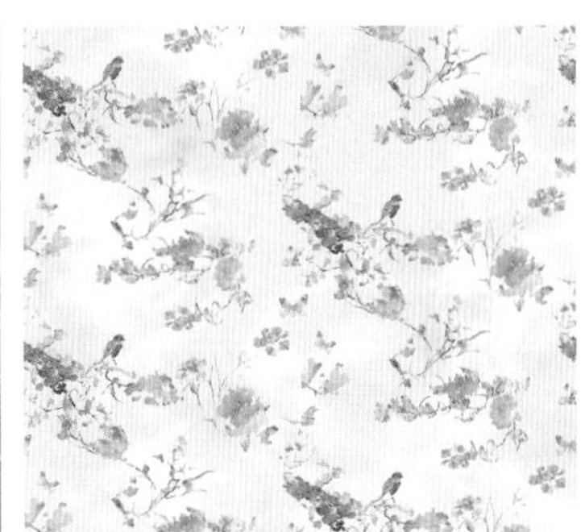

图 3-31 元素接版动作的使用一（作品作者：施语昕）

图 3-32 元素接版动作的使用二（作品作者：高昀妍）

图 3-33　元素接版动作的使用三（作品作者：谢宜轩）

图 3-34　元素接版动作的使用四（作品作者：李诺祺）

图 3-35　元素接版动作的使用五（作品作者：费相阳）

图 3-36　元素接版动作的使用六（作品作者：梁馨月）

图 3-37 元素接版动作的使用七（作品作者：谢辰怡）

三、照片接版动作的创建

（一）创建动作

①打开一张图片，点击图像—图像大小。检查图片是否大于1000像素（图3-38、图3-39）。

②新建动作组1000—1000t，点击确定（图3-40）。

③点击选框工具，样式固定大小，宽度1000（像素），高度1000（像素），在画面中选取满意的区域（图3-41）。

④新建动作1000—1000new，点击记录（图3-42）。

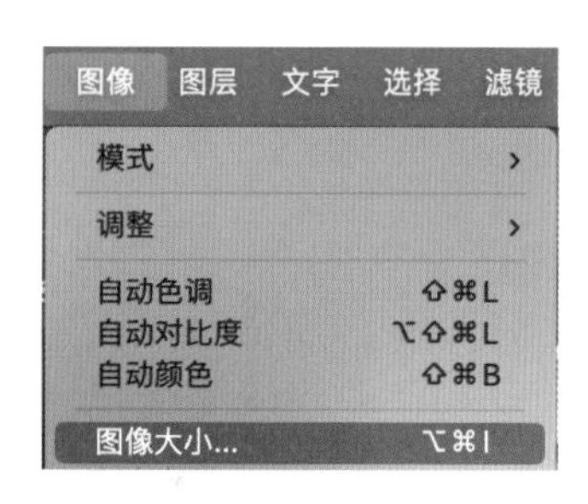

图 3-38 检查图像

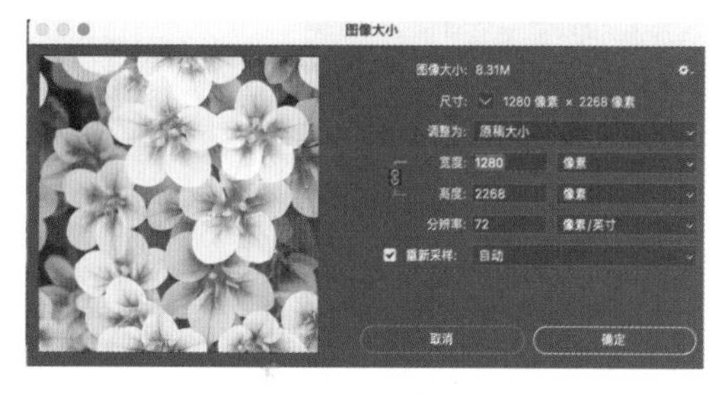

图 3-39 查看图像大小

图 3-40 新建动作组

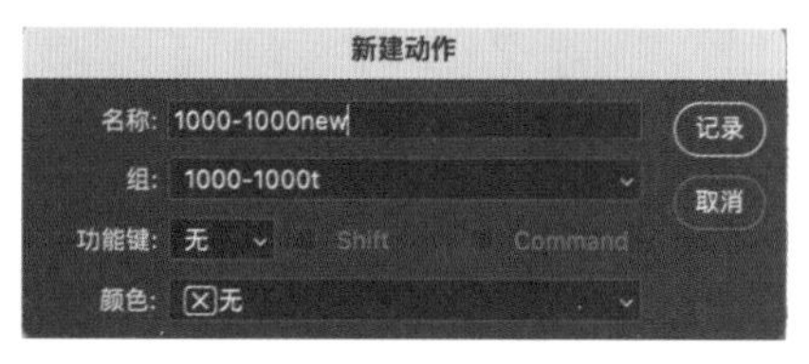

图 3-42 新建动作一

图 3-41 改变选框

（二）完成动作一

①按住Ctrl+C复制选区，点击文件—新建，更改画布大小（宽度1000像素，高度1000像素）。分辨率（200像素/英寸）点击创建（图3-43、图3-44）。

②按住Ctrl+V粘贴选区（图3-45）。

③点击图像—画布大小，宽度：2000（像素），高度：1000（像素），定位：从左向右扩展，点击确定（图3-46）。

④点击选框工具，固定大小为宽度：1000（像素），高度：500（像素），点击画布外左上角一点建立选区，按住Ctrl+Alt键将选区移至画布右下方。

点击画布外左下角一点建立选区，按住Ctrl+Alt键将选区移至画布右上方（图3-47）。

⑤点击图像—画布大小，宽度：2000（像素），高度：2000（像素），定位：

图3-43 新建文件

图3-44 新建画布

图3-45 粘贴选区

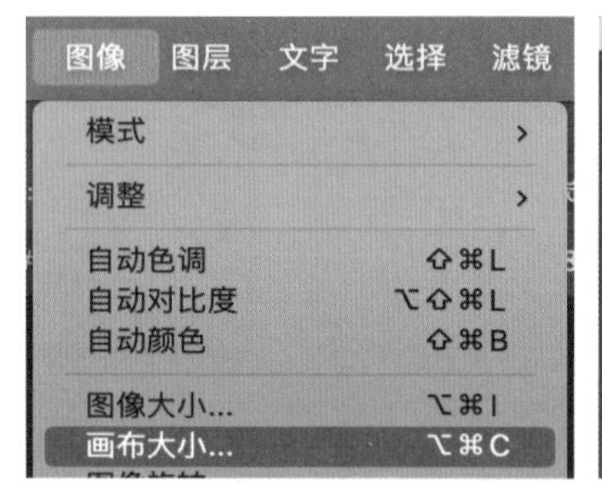

图3-46 更改画布

图3-47 迁移选区

由上至下扩展，点击确定（图3–48）。

⑥点击选框工具，固定大小为宽度：2000（像素），高度：1000（像素），点击画布外正上方一点建立选区，按住Ctrl+Alt键将选区移至画布下方空白处，点击选择—取消选择（图3–49）。

⑦点击动作面板右上角栏，选择插入菜单项目，点击视图—按屏幕大小缩放—点击确定（图3–50）。

⑧第一个动作完成，停止记录（图3–51）。

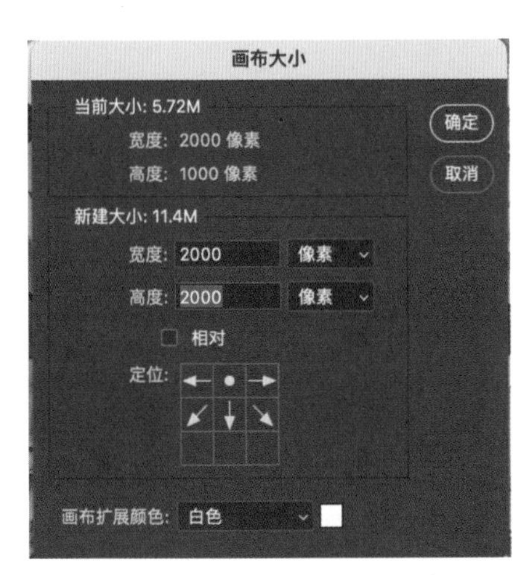

图3-48 更改画布

图3-49 调整选区

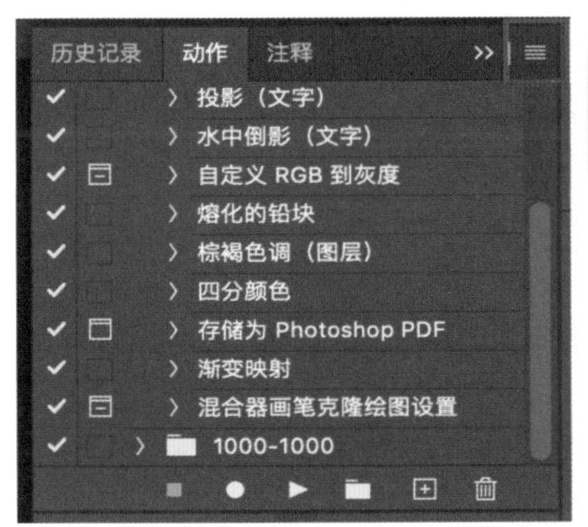

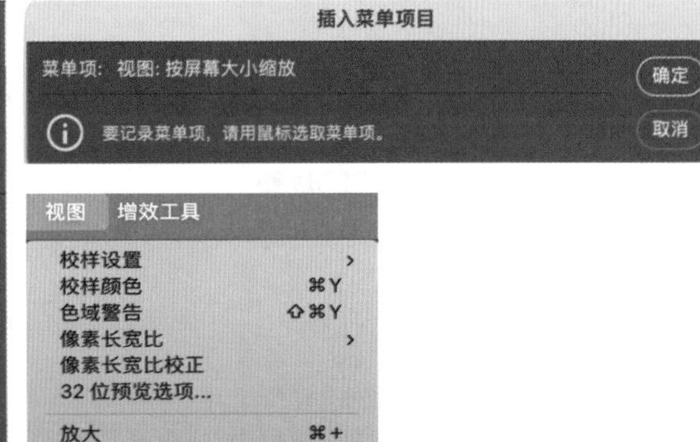

图3-50 插入菜单项目

图3-51 停止记录

（三）完成动作二

①点击视图—参考线—新建参考线，取向：水平，位置：500（像素），点击确定（图3–52）。

②新建动作copy点击记录（图3–53）。

③点击选框工具，固定大小为宽度：2000（像素），高度：1000（像素）。

点击画布外正上方一点建立选区，按住Ctrl+Alt键将选区移至画布下方，点击选择—取消选择（图3–54）。

④点击选框工具，固定大小为宽度：1000（像素），高度：1000（像素）（图3–55）。

点击画布外右下角一点建立选区，按住Ctrl+Alt键将选区顶边与参考线对齐，选区左边与画布边缘对齐，点击选择—取消选择（图3–56、图3–57）。

图3–52 新建参考线

图3–53 新建动作二

图3–54 建立选区

图3–55 更改选框工具

图3–56 移动选区

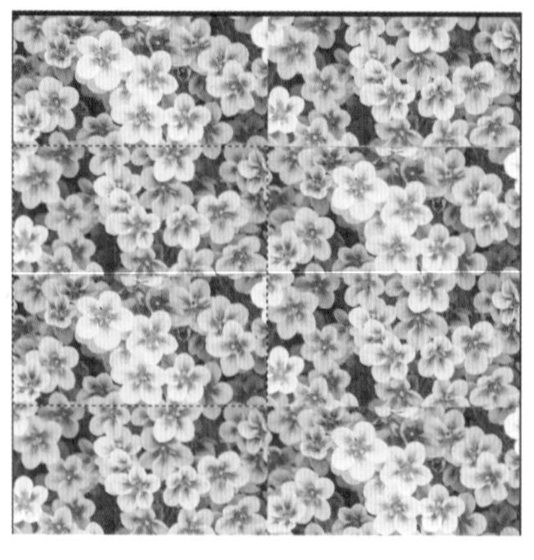

图3–57 选择选区

⑤点击动面板作右上角栏，选择插入菜单项目，继续点击视图—按屏幕大小缩放，点击确定。第二个动作完成，停止记录。

（四）完成动作三

①新建动作cut点击记录（图3–58）。

②点击图像—画布大小，宽度：1000（像素），高度：1000（像素），点击确定（图3–59）。

③点击裁切工具，按两次回车键清除画布外隐藏区域，点击动面板作右上角栏，选择插入菜单项目（图3–60）。

点击视图—按屏幕大小缩放，点击确定。

第三个动作完成，停止记录。

图3–58 新建动作三

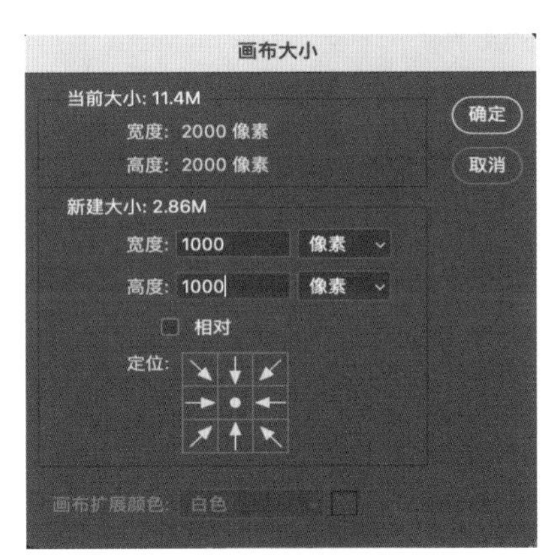

图3–59 更改画布

图3–60 最终效果

（五）完成动作四

①新建动作end，点击记录（图3–61）。

②点击图像—画布大小，宽度:2000（像素），高度:1000（像素），定位：从左向右扩展，点击确定（图3–62）。

③点击选框工具，固定大小为宽度：1000（像素），高度：500（像素）（图3–63）。

④点击左上角顶点外区域建立选区，按住Ctrl+Alt键拖动选区与右下角重合，点击左下角顶点外区域建立选区，按住Ctrl+Alt键拖动选区与左上角重合（图3–64～图3–66）。

⑤点击图像—画布大小，宽度:2000（像素），高度:2000（像素），定位：

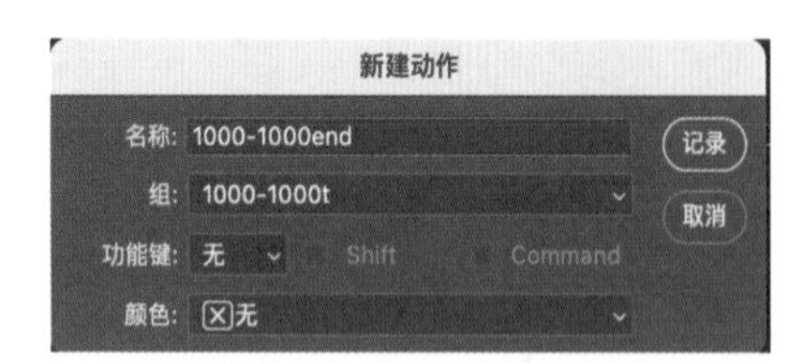

图 3-61 新建动作四

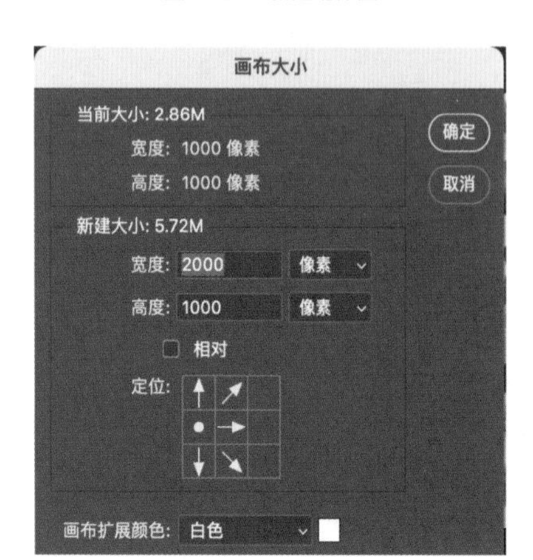

图 3-62 更改画布

图 3-63 更改选框

图 3-64 建立选区

图 3-65 移动选区

图 3-66 重合选区

由上向下扩展，点击确定（图3-67）。

⑥点击选框工具，样式：固定大小，宽度：2000（像素），高度：1000（像素），点击画布正上方外一点建立选区，按住Ctrl+Alt键拖动选区与下方重合（图3-68、图3-69）。

⑦点击选择—取消选择，点击动面板作右上角栏，选择插入菜单项目，

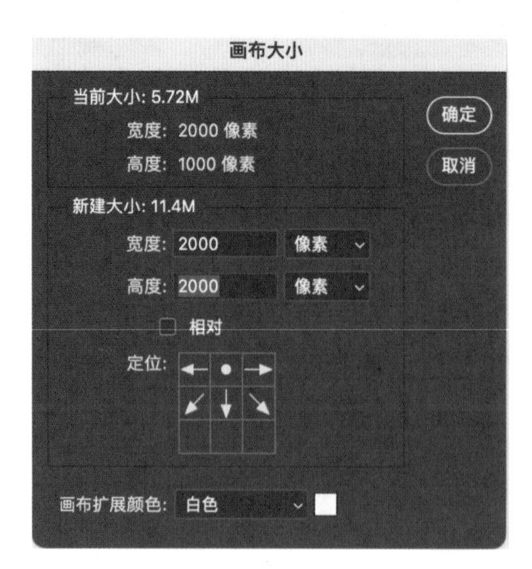

图 3-67 更改画布

继续点击视图—按屏幕大小缩放，点击确定。

第四个动作完成，停止记录。

图 3-68 移动选区

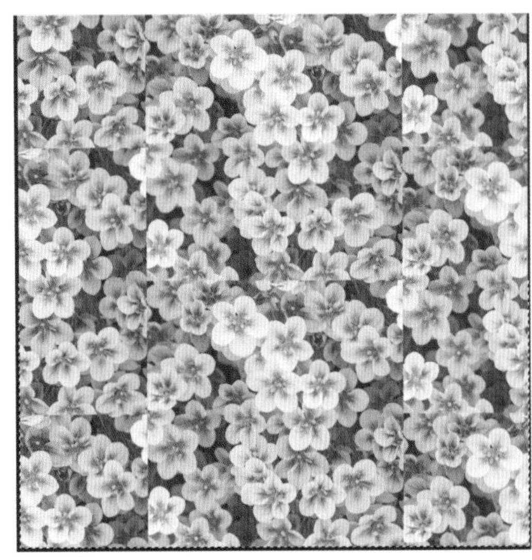

图 3-69 重合选区

（六）完成接版制作

①建立图片选区后点击第一步动作（图3-70）。

②返回至建立选区画布，点击放大镜工具将选区左上角顶点放至最大。点击仿制图章工具，按Alt键标记顶点（图3-71）。

③返回新建立画布，使用仿制图章工具涂抹第一条相交横线，使其衔接自然（图3-72）。

④点击第二步动作copy，使用仿制图章工具涂抹中间竖线，使其衔接自然。

⑤点击第三步动作—裁切，第四步动作—扩展，使用仿制图章工具涂抹横向第一条交线（图3-73、图3-74）。

⑥依次点击第二、三、四步动作后，图片接版制作完成（图3-75）。

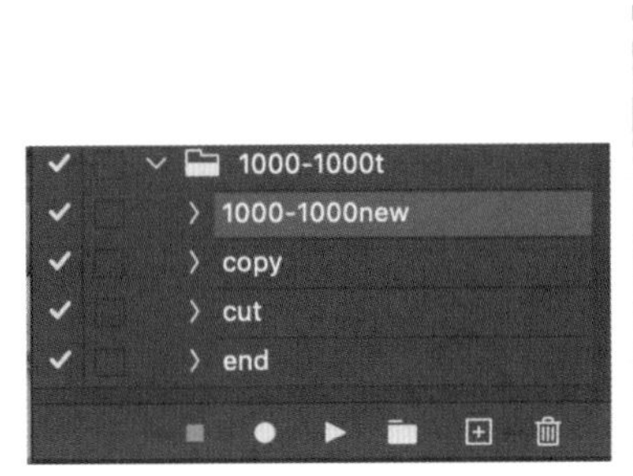

图 3-70 使用动作

图 3-71 标记顶点

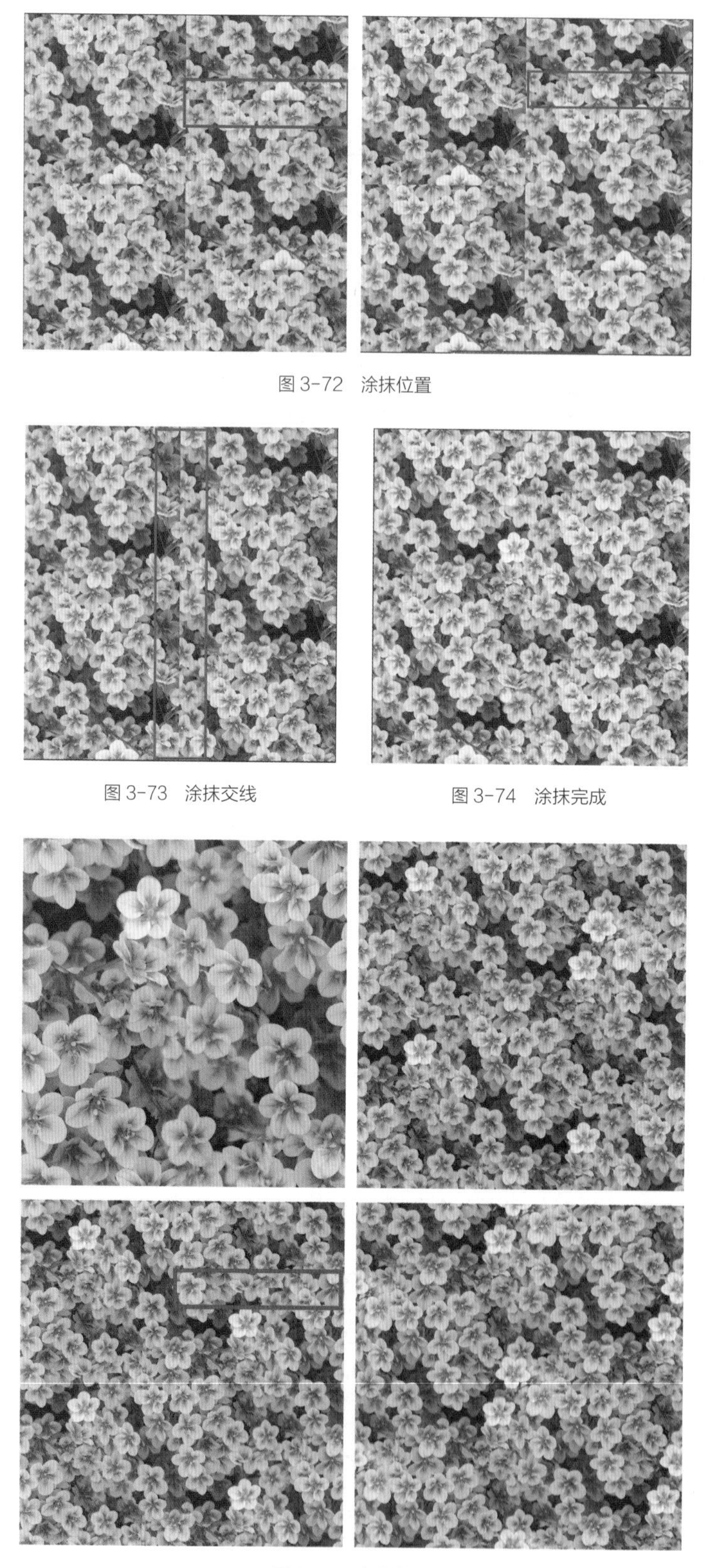

图 3-72　涂抹位置

图 3-73　涂抹交线

图 3-74　涂抹完成

图 3-75　完成动作

四、照片接版动作的使用

使用照片接版动作可创 作一系列图案，以下为优秀作品展示（图3-76～图3-78）。

图 3-76 照片接版动作使用一（作品作者：李诺祺）

图 3-77 照片接版动作使用二（作品作者：施语昕）

图 3-78 照片接版动作使用三（作品作者：李诺祺）

五、丝巾图案动作的创建

（一）完成动作一

①新建动作组1000—1000四方连续，点击确定（图3-79）。

②创建动作1000—1000new，点击记录（图3-80）。

③点击文件—新建，更改画布大小（宽度1000像素，高度1000像素）。分辨率（200像素/英寸）点击创建（图3-81）。

④点击直线工具，单位：像素，取消勾选消除锯齿，粗细1像素（图3-82）。

⑤将画布左上角放至最大，点击左上角并按住Shift键进行拖拽到右下角顶点（图3-83）。

⑥点击油漆桶工具，仅勾选连续图标，倾倒颜色至左下角（图3-84）。

图3-79 新建动作组

图3-80 新建动作一

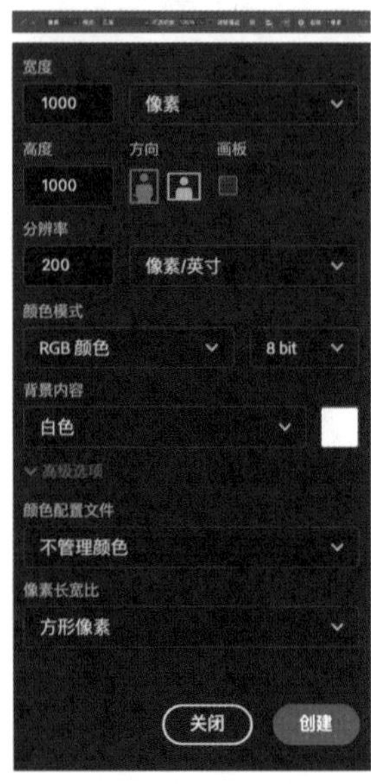

图3-81 新建画布

矩形工具 U
椭圆工具 U
三角形工具 U
多边形工具 U
直线工具 U
自定形状工具 U

图3-82 使用直线工具

图3-83 拖拽直线

图3-84 倾倒颜色

⑦点击选择—色彩范围，点击画布黑色区域，点击确定（图3-85）。

⑧点击选择—储存选区，点击确定（图3-86）。

⑨按住Ctrl+Delete键填充背景色，点击选择—取消选择，第一步动作完成，停止记录（图3-87）。

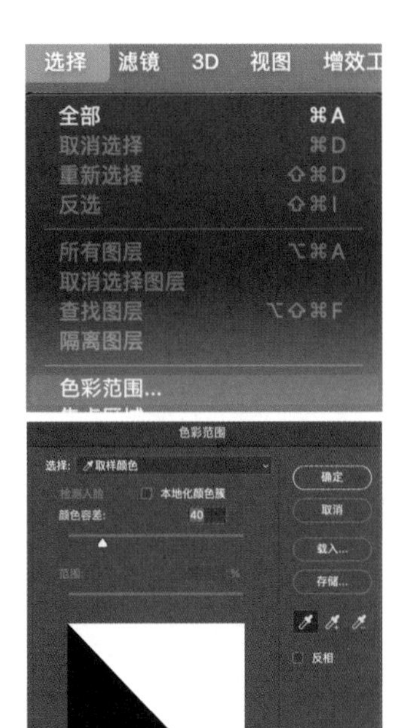

图 3-85 选定区域

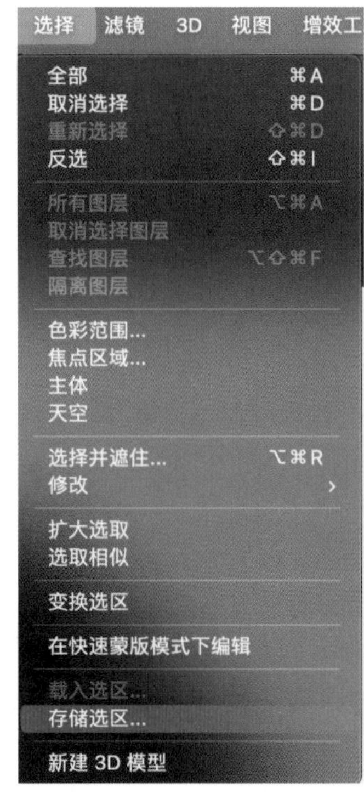

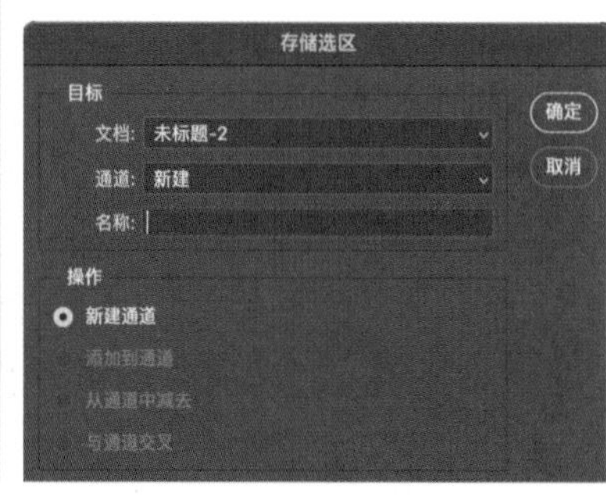

图 3-86 储存选区

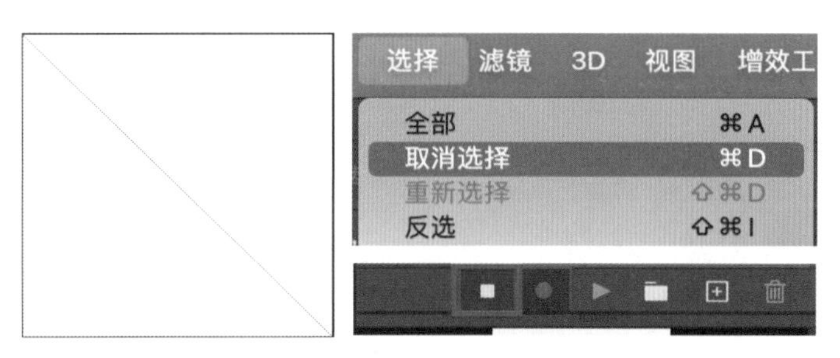

图 3-87 填充背景色

(二)完成动作二

①导入一张照片，新建动作1000-1000end，开始记录(图3-88)。

②点击图层界面右上角栏，点击合并可见图层(图3-89)。

③点击选择—载入选区，直接点击确定(图3-90)。

④按Ctrl+J复制图层，点击编辑—变换—垂直翻转，继续点击编辑—变换—顺时针旋转90度(图3-91)。

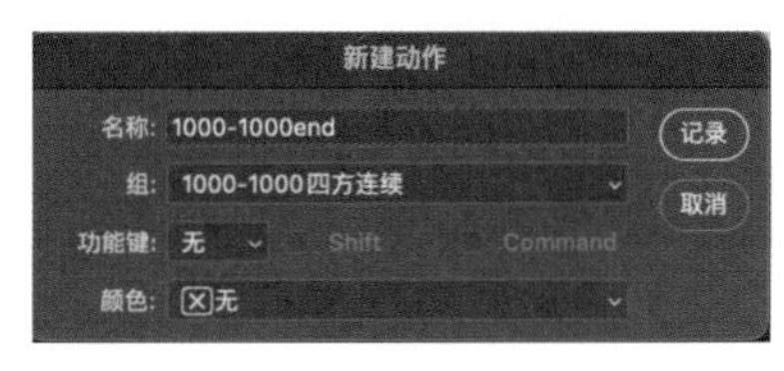

图 3-88 新建动作二

图 3-89 合并图层

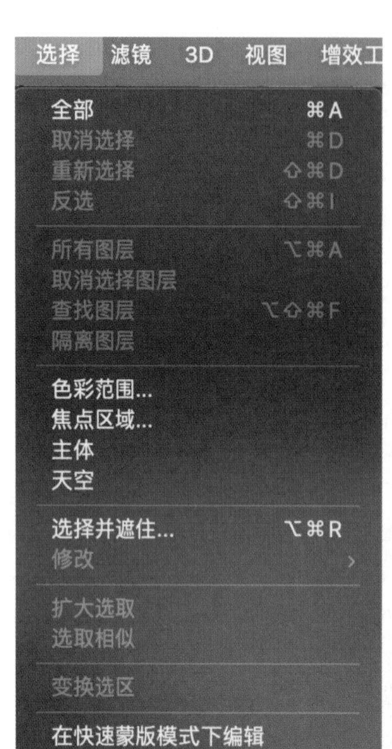

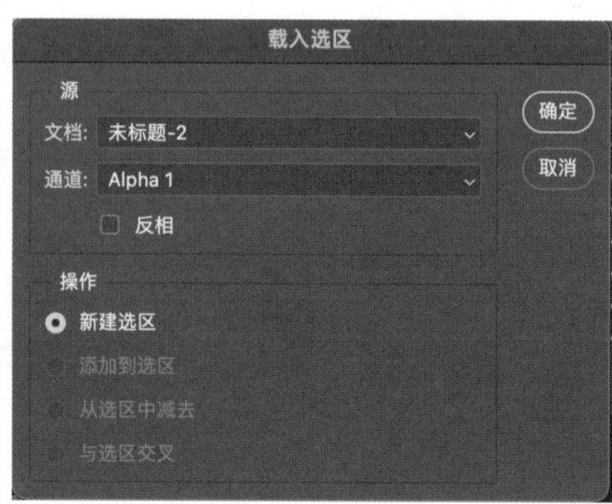

图 3-90 载入选区

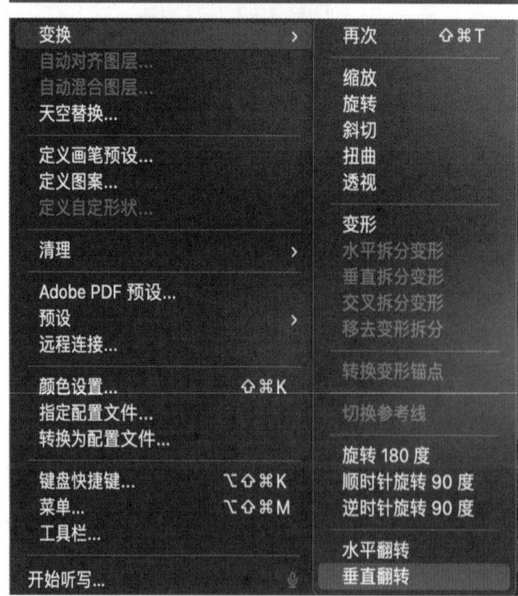

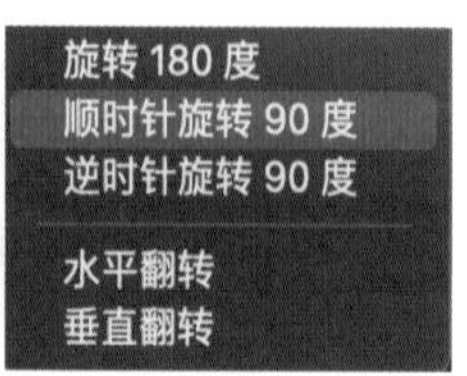

图 3-91 旋转图层

⑤继续点击合并可见图层，点击图像—画布大小，宽度：2000（像素），高度：1000（像素），定位：从左向右扩展，点击确定（图3-92）。

⑥点击选框工具，固定尺寸为宽度：1000（像素），高度：1000（像素），点击左上角顶点外区域建立选区，按住Ctrl+Alt键拖动选区与右边重合，点击编辑—变换—水平翻转（图3-93、图3-94）。

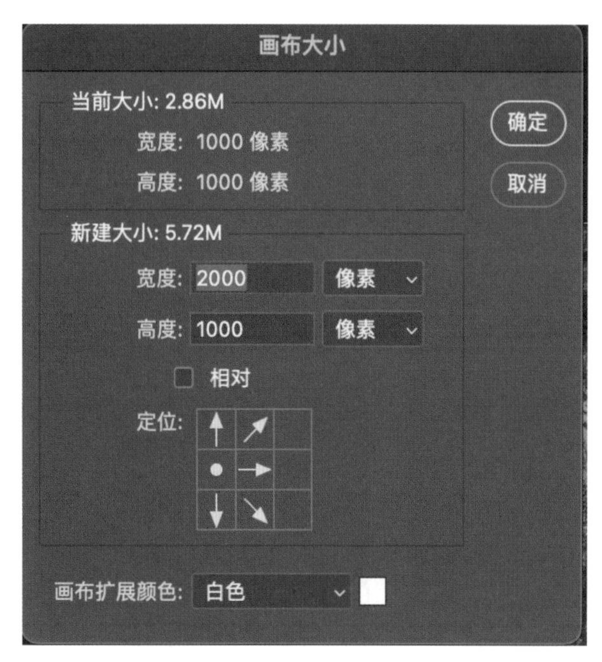

图3-92　更改画布

图3-93　水平翻转

图3-94　最终效果

⑦点击图像—画布大小，宽度：2000（像素）。高度：2000（像素），定位：由上至下扩展，点击确定（图3-95）。

⑧点击选框工具，固定大小为宽度：2000（像素），高度：1000（像素），点击画布外正上方一点建立选区，按住Ctrl+Alt键将选区移至画布下方空白处（图3-96）。

⑨点击编辑—变换—垂直翻转，继续点击选择—取消选择（图3-97）。

⑩点击动作面板右上角栏，选择插入菜单项目，继续点击视图—按屏幕大小缩放，点击确定（图3-98）。

⑪第二个动作完成，停止记录，丝巾图案的动作创建完成。

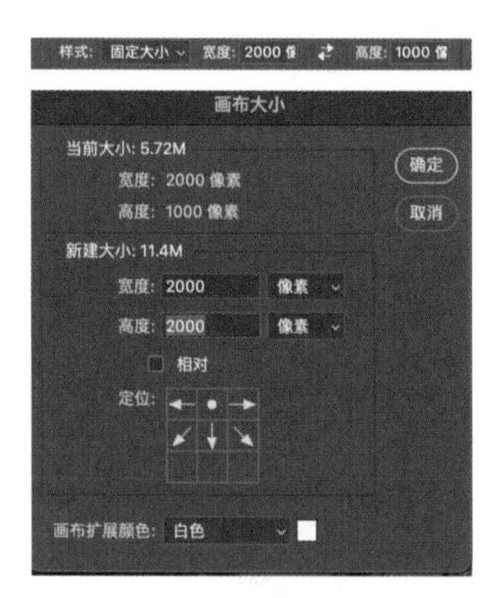

图3-95 更改画布

图3-96 移动选区

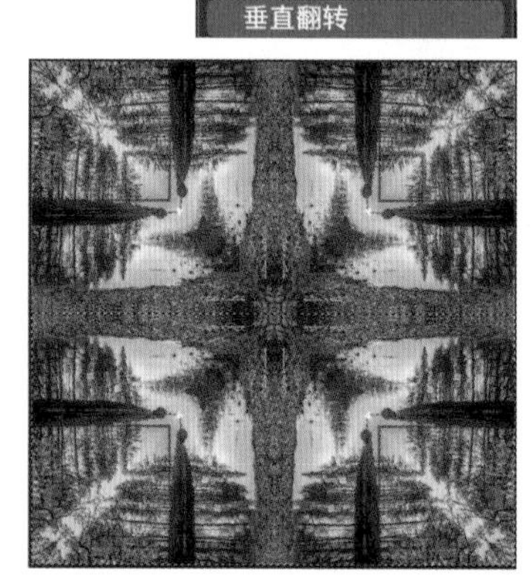

图3-97 垂直翻转

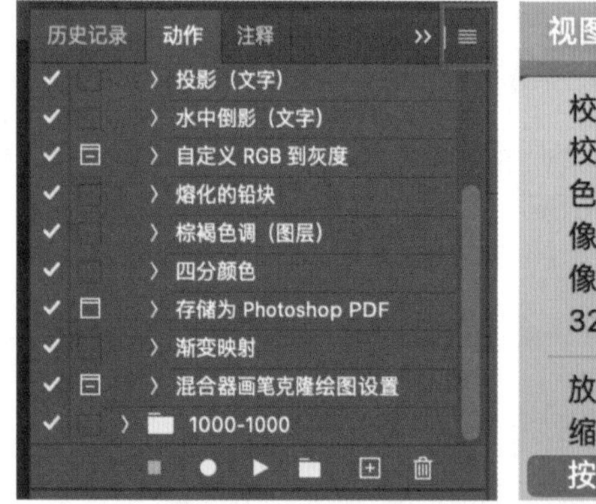

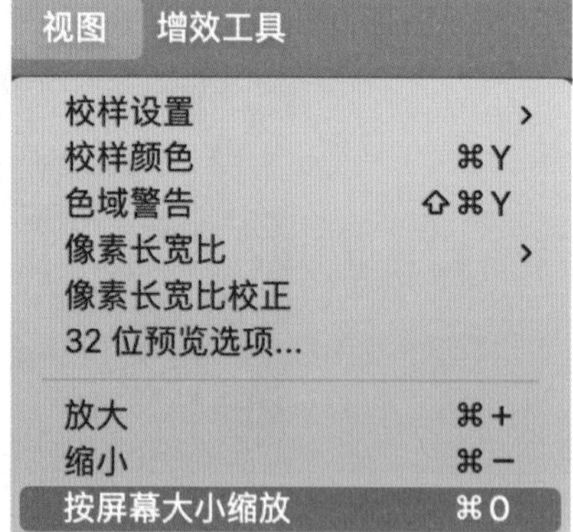

图3-98 插入菜单项目

六、丝巾图案动作的使用

使用丝巾图案动作图案参考（图3-99 ~ 图3-102）。

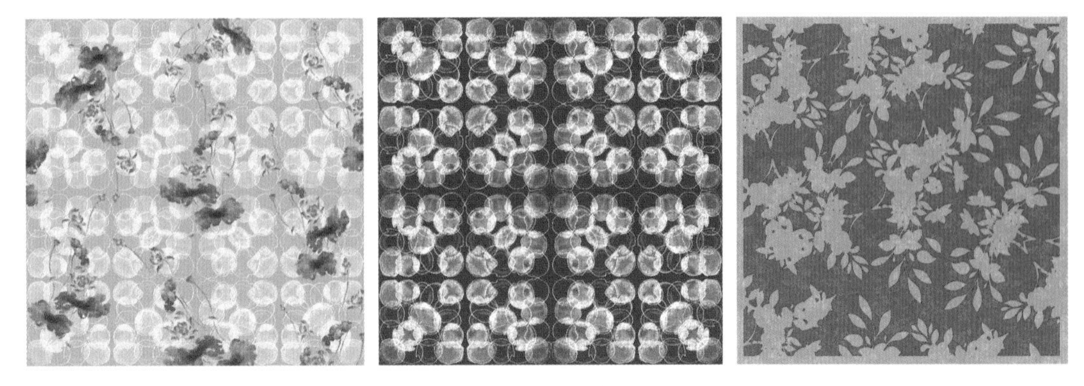

图 3-99 丝巾图案动作的使用一（作品作者：施语昕）

图 3-100 丝巾图案动作的使用二（作品作者：李诺祺）

图 3-101 丝巾图案动作的使用三（作品作者：陈欣雨）

图3-102 丝巾图案动作的使用四（作品作者：李诺祺）

第三节 服装效果图后期处理与修饰技法

一、图像调色与色彩平衡调整

在Photoshop中的调色工具有多种，且每种工具都有其独特的作用，可以通过图像—调整来查看调色工具，以下是一些主要调色工具及其作用的详细描述。

（一）色阶

作用：详细调节图片中黑白灰三部分的比例。

使用方式：通过调整黑、灰、白三个滑块的位置，改变图像中不同色调的信息量分布，从而调整图像的明暗关系和对比度（图3-103）。

（二）曲线

作用：调整图像的明暗关系和色彩平衡。

使用方式：通过调整曲线上的点，可以改变图像不同亮度级别的输出值，进而影响图像的明暗和对比度。同时，也可以在曲线的RGB下拉菜单中选择不同色彩通道进行调整（图3-104）。

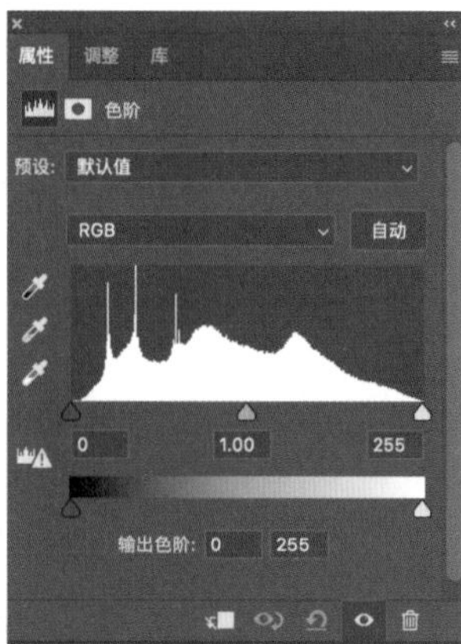

图3-103 色阶对比

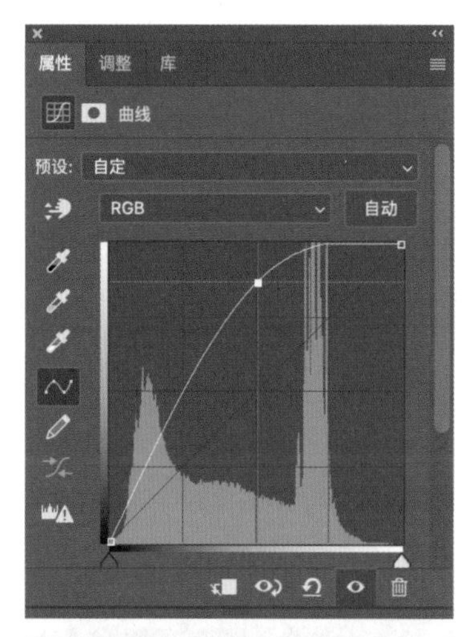

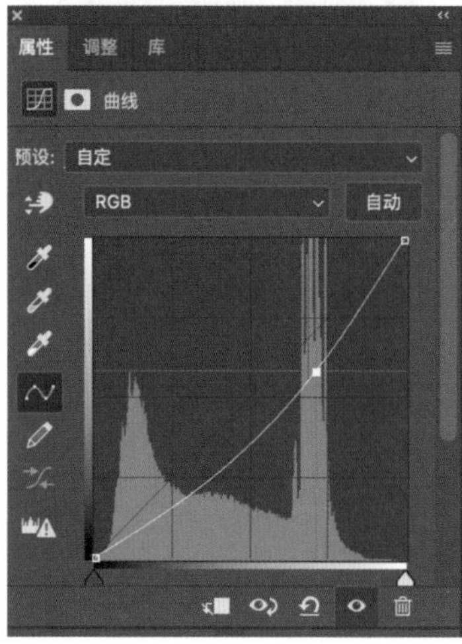

图3-104 曲线调整效果

（三）色相/饱和度

作用：改变图片的色相、饱和度和明度。

进阶用法：可以选择图片中的特定颜色进行调整，或者使用吸管工具直接在画面中选取需要调整的颜色范围（图3-105）。

（四）可选颜色

作用：微调所选中的颜色，使其偏向其他色调，通常用于丰富色彩或创建混合色调效果。

进阶用法：提供了颜色和黑白灰的调整选项，以及相对和绝对两种调整模式，可以实现更精细的颜色调整（图3-106）。

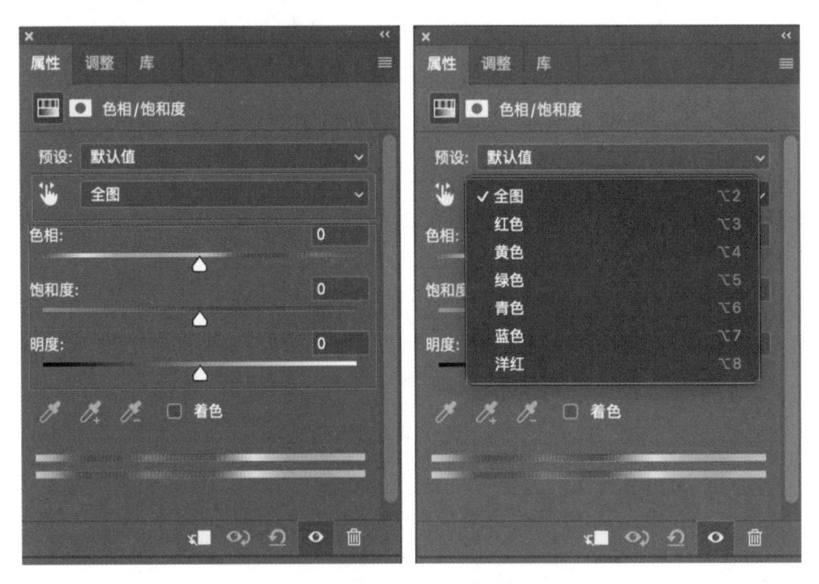

图3-105 色相/饱和度的使用

图3-106 可选颜色的使用

（五）色彩平衡

作用：通过调整三原色与其对应互补色之间的平衡，快速改变图片的颜色风格。

效果：可以在保持色彩和谐的基础上，实现冷暖色调的自由变换（图3-107）。

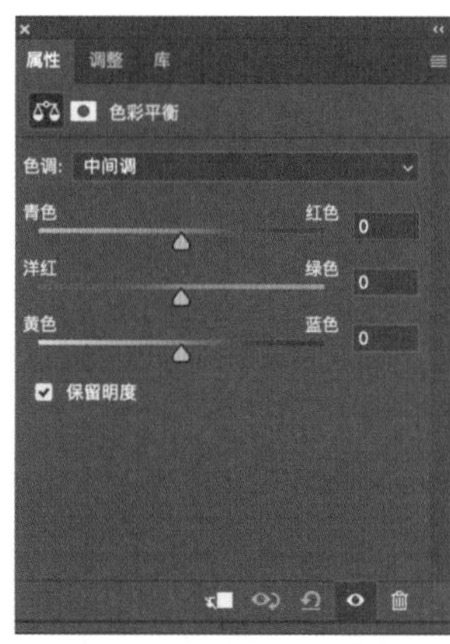

图 3-107 色彩平衡对比

二、光影效果的增强与优化

Photoshop光影效果制作是图像处理中的一个重要环节，能够增强图像的层次感和立体感。以下是在Photoshop中创建光影效果的方法和技巧。

（一）利用渐变工具创建光影效果

①在新建的图层上使用渐变工具，选择适当的渐变类型（如径向渐变或线性渐变）。

②在画布上拖动鼠标以应用渐变，从而创建光影效果。

③根据需要调整渐变的颜色和不透明度，以达到理想的光影效果。

（二）使用涂抹工具增添光影细节

①选择涂抹工具，并调整笔刷的大小和方向。

②通过涂抹边缘来模拟光线的散射效果，增加光影的真实感。

③可以在光线方向上添加一些高光部分，以增强实际光照的效果。

（三）运用图层混合模式

①将图层的混合模式设置为“叠加”“滤色”或“柔光”，以使图像的光影更加明亮和饱和。

②通过修改透明度来调整光影的强度和密度，实现更多的创意效果。

（四）利用滤镜增强光影效果

①使用“模糊”滤镜中的“径向模糊”来模拟环形光线的效果。

②尝试不同的滤镜，并根据需求调整其参数，以获得理想的光影效果（图3–108）。

（五）使用图层样式增添光影细节

①在“图层样式”面板中，可以添加阴影、外发光、描边等效果，以增添更多的光影细节和深度。

②尝试不同的样式组合，以适应不同的光影需求（图3–109）。

（六）精确控制光影

①使用选择工具和蒙版来精确控制光影效果的区域和应用范围。

②这可以确保光影效果只应用于特定的区域，从而达到更加精准和细致的效果（图3–110）。

图3–108 滤镜增强光影

图3–109 图层增添光影

图3–110 控制光影

三、纹样的应用设计与人物模特处理

Photoshop抠图工具有多种，每种工具都有其特定的使用场景和优势。以下是一些常用的Photoshop抠图工具。

（1）套索工具。包括套索工具、多边形套索工具、磁性套索工具。这些工具可以快速做出所需的不规则或多边形选区，方便选取及扣取图片中的实物。

（2）魔棒工具。这个工具简单好用，一点就能选中背景，然后删除即可，适用于背景较为简单的图像。魔棒工具和快速选择工具是一组工具，可以快速选择图片中想要的部分或者不想要的部分。

（3）钢笔工具。钢笔工具是一种精确度非常高的抠图工具，适用于复杂图像或需要精确路径的场景。使用钢笔工具可以绘制一条路径来适应目标区域的形状，然后将其转化为选区进行抠图。

（4）选框工具。包括矩形选框工具和椭圆选框工具，适用于抠取形状规则（如矩形或椭圆形）的物体图像。

（一）人物模特处理

①将做好的图案覆盖在要使用的服装上，鼠标右击图案图层，点击创建剪贴蒙板（图3-111）。

图3-111 创建蒙版

②在屏幕右侧找到图层面板（或可以通过菜单栏的“窗口”选项勾选“图层”来显示），在图层的“图层混合模式”下拉菜单中选择“正片叠底”（图3-112）。

图3-112 正片叠底

（二）优秀作品展示

使用人物模特处理方式和动作图案进行服装展版拼贴（图3-113～图3-117）。

图3-113 服装展版拼贴一（作品作者：李诺祺）

图 3-114　服装展版拼贴二（作品作者：施语昕）

图 3-115　服装展版拼贴三（作品作者：高韵滢）

图 3-116　服装展版拼贴四（作品作者：王羽萱）

图 3-117　服装展版拼贴五（作品作者：王予彤）

第四章

系列主题创作与综合性创意表现技法

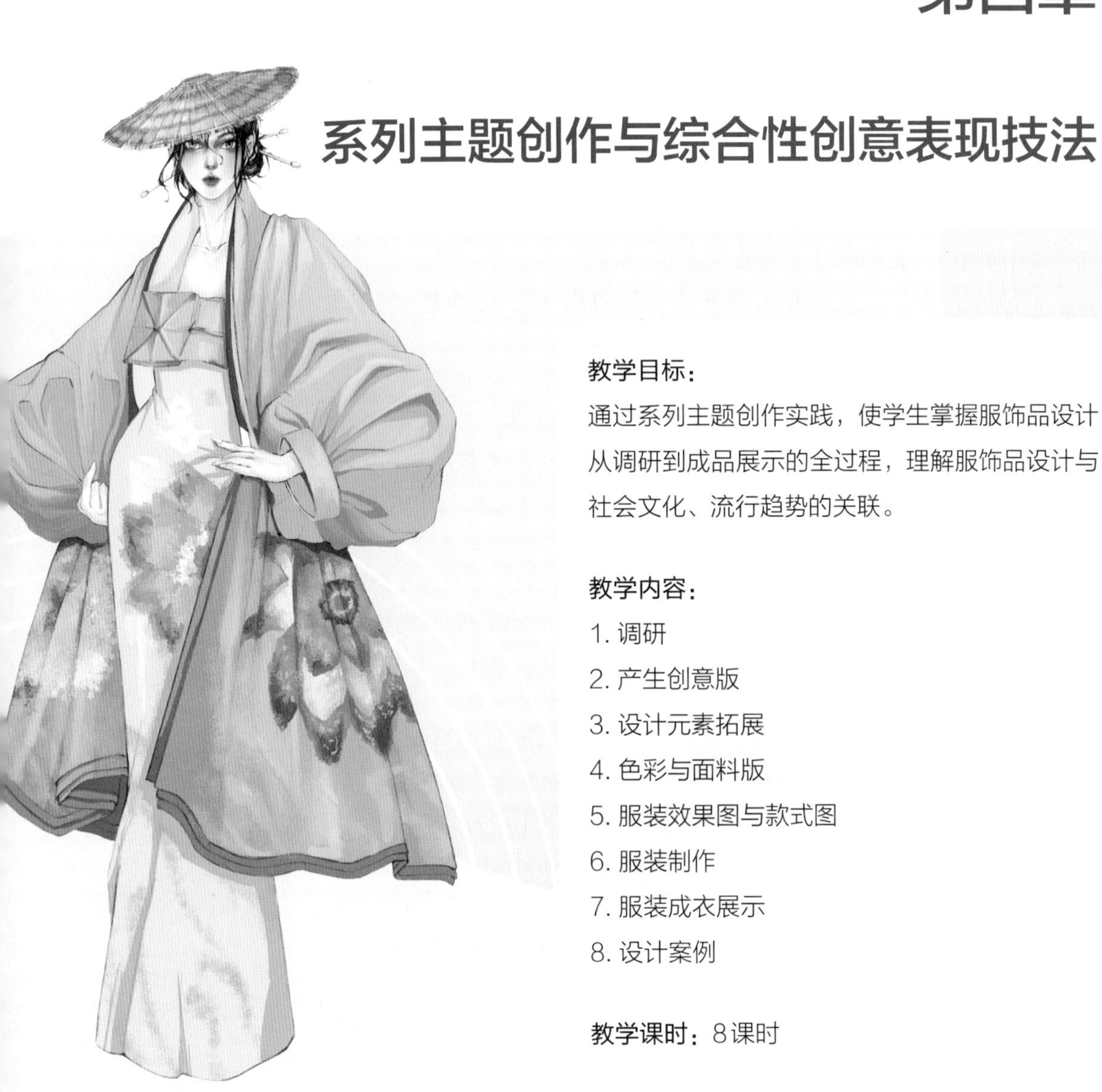

教学目标：

通过系列主题创作实践，使学生掌握服饰品设计从调研到成品展示的全过程，理解服饰品设计与社会文化、流行趋势的关联。

教学内容：

1. 调研
2. 产生创意版
3. 设计元素拓展
4. 色彩与面料版
5. 服装效果图与款式图
6. 服装制作
7. 服装成衣展示
8. 设计案例

教学课时：8课时

教学重点：

1. 服饰品设计的系统性流程
2. 服饰品与社会文化、流行趋势的结合

课前准备：

1. 预习服饰品设计的调研方法
2. 收集相关设计主题的资料和图片

从草图开始到服装系列的产生是一个创意设计的过程，这一过程可分成七个关键步骤，每一步都代表一个更深层次的提炼。

（1）调研。调研可以根据设计师的想法和理念进行调查研究，并将其运用于设计灵感中，从而启动设计过程。

（2）产生创意版。选择想法中最好的一个，制作创意版，使服装系列有一个主题和独特的视觉形象。

（3）设计元素拓展。探寻最好的想法，综合设计元素与提取。

（4）色彩与面料版。为服装设计色彩系列，并挑选面料。

（5）服装效果图与款式图。进行服装设计与款式绘制，并标注设计重点。

（6）服装制作。包含打板、白坯布制作、成衣制作以及面辅料的应用。

（7）服装成衣展示。将设计出的成衣进行展示。

事实上，服装设计的整体流程是一个复杂而精细的过程，它深受设计主题、设计元素以及设计重点的多样化影响。不同的主题会引发设计师独特的思考方向和灵感源泉，进而产生各异的设计构想。同样，设计元素的多样性也为设计师提供了广阔的创作空间，无论是色彩、面料还是款式，都能成为设计师表达个性和创意的媒介。而设计重点的不同，则决定了设计师在创作过程中需要着重强调和突出的方面，如结构、细节或是整体风格等。

正因为这些差异，服装设计流程中的侧重方向也各不相同。有的设计师可能注重创意构思的生成与筛选，有的则可能侧重于面料与色彩的搭配与选择。但无论侧重方向如何，一套完整的服装设计流程都需要经过七个关键步骤：调研、产生创意版、设计元素拓展、服装效果图与款式图、服装制作及服装成衣展示。

这七个步骤不仅确保了服装设计的专业性和系统性，还能够清晰地展示出设计师的创作思路和过程。通过这一系列流程，设计师能够较为准确地提炼出自己所期待的设计成果，使最终的服装作品能够符合设计要求，并成功传达设计师的设计理念和风格。因此，对于服装设计师来说，熟练掌握并灵活运用这些流程，是创作出优秀服装作品的关键所在。

第一节 调研

设计过程的第一步是进行详尽透彻的调查研究。这一步对于整个设计流程至关重要，它如同一座坚实的基石，为后续的创意构思和实际操作提供了坚实的支撑。在这一阶段，设计师需要广泛收集相关资料，深入剖析市场需求，洞察行业趋势，以便为设计思路的形成提供丰富的素材和灵感。

通过调查研究，设计师能够逐渐明确自己的设计方向，形成一个清晰的设计思路。在这个过程中，选择一个让自己着迷、感兴趣的主题或概念显得尤为重要。这个主题或概念将成为设计师创作的源泉，激发设计师内心深处的创造力和个性。

在纵情发挥创造力和个性的同时，设计师还需要保持对细节的关注和对整体的把控。他们需要在纷繁复杂的信息中筛选出有价值的内容，将其融入自己的设计作品中。这样的设计作品不仅能够体现设计师的独特风格和个性，还能够满足市场和消费者的需求，实现设计与实用性的完美结合。

因此，详尽透彻的调查研究是设计过程中不可或缺的一步。它不仅能够为设计师提供广阔的创作空间，还能够确保设计作品的质量和实用性。只有在这一步做到位，后续设计流程才能够顺利进行，并最终呈现出令人满意的成果。

（1）设计对象调研。设计师要首先调研设计的目标人群，根据其审美需求与穿着需求进行调研，才能确定设计风格与方向。

设计师也可寻找相关设计作品与品牌进行调研学习。他们的标志颜色是什么？试着去判断对他们影响最大的是什么。查阅时尚预测文章，看看有哪些趋势已经显露。

（2）调研是多层面的、高度个人化的过程。走访艺术馆、博物馆、图书馆、书店、跳蚤市场和旧货市场。观看各种艺术和设计活动以获得灵感，收集尽量多的视觉信息。收集明信片，对感兴趣的物品拍快照，写下注解，并绘制草图，信息越多越好。

如图4-1所示，这位设计师通过研究品牌案例，走访调研等，如调研残疾人市场可以通过调研残疾人人群与残疾人服装，并总结重点的设计方向。

她的调研来自多个品牌，这些品牌注重残疾人服装的实穿性和功能性。这一调研使设计师将实穿性融入设计过程中，并且从不同功能性残疾的残疾人身上获得具体需求与设计灵感。

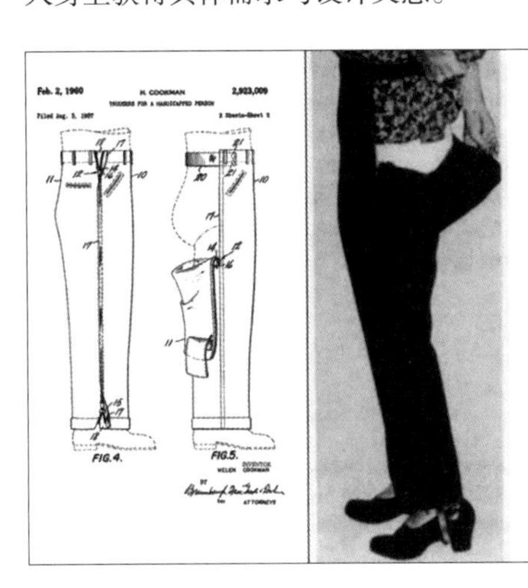

Levi's

李维斯（Levi's）是20世纪50年代中期最早为残障人士设计服装的品牌之一，设计师海伦·库克曼(Helen Cookman)设计的一条牛仔裤，采用弹性牛仔布和可以从裤腰或裤腿拉开的长侧缝拉链，并在裤子的侧边设置了一个特殊的半边皮带内扣，用于在座位下降时固定牛仔裤。

图4-1

帕森斯（PARSONS）学院作品
EMBODYING UNIVERSAL BODIES DISABILITY

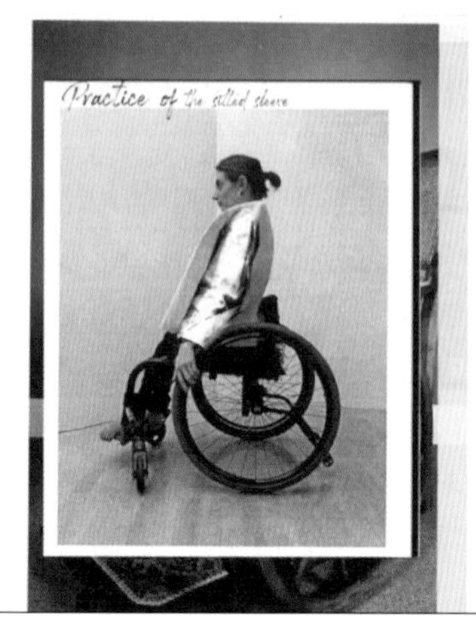
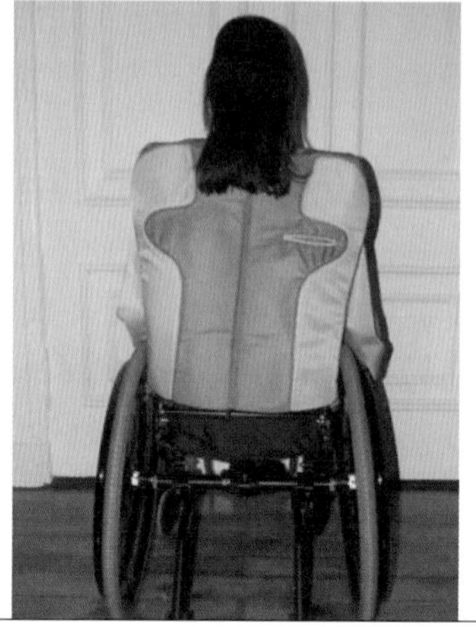
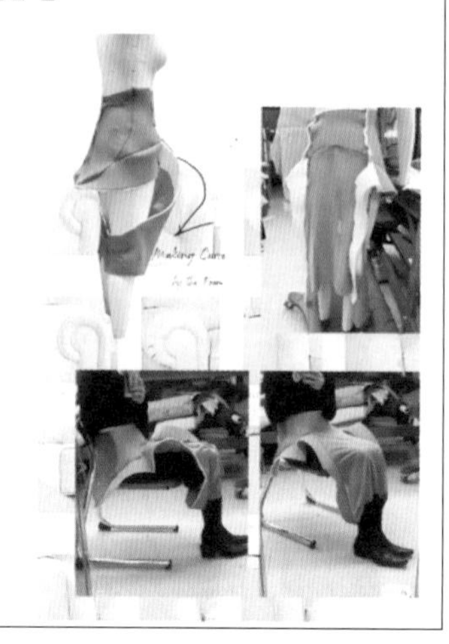

品牌设计与总结

<table>
<tr><th>品牌</th><th>设计点</th><th>总结</th></tr>
<tr><td>IZ Adaptive</td><td>1. 注重衣服的磨损，在袖口的地方，用耐磨耐脏的材料又加厚了一层
2. 注重衣服的使用感，前后长度不同，后面和侧面是短的，前面的长度刚好能盖住腿
3. 注重衣服的穿脱便捷性，无论是扣子还是拉链都充分考虑使用者的使用方式</td><td rowspan="8">1. 袖口易磨损处进行加厚处理
2. 衣长设计合理化——前短后长
3. 考虑不同肢体残疾人的服装穿脱方式进行不同的开口处理设计
4. 搭配的装备设计
5. 面料选择：弹性、透气性等
6. 柔和舒适的色彩选择</td></tr>
<tr><td>Able2wear</td><td>1. 注重残疾人的生活使用，手套背包等装备均进行相应的设计
2. 注重衣服的使用感，前后长度不同，后面和侧面是短的，前面的长度刚好能盖住腿
3. 注重衣服的穿脱便捷性，无论是扣子还是拉链都充分考虑使用者的使用方式</td></tr>
<tr><td>Tommy Hilfiger</td><td>1. 更具弹性和柔和的材料
2. 设有更容易使用的开合装置——魔术贴</td></tr>
<tr><td>Bezgraniz CoutureK</td><td>1. 在胸口侧前方进行开口设计，便于穿脱，同时增加女性身体关感
2. 连衣裙选择贴身弹力面料，使轮椅使用者使用轮椅的时候更加便捷，裙长至小腿也不会使女性局促
3. 胸袋的设计，使得轮椅使用者储存随身物品更加便捷</td></tr>
<tr><td>Rebrith Garment</td><td>1. 鲜艳的颜色
2. 独特的面料
3. 创新的设计来突出主流社会常会回避的话题，拒绝同化</td></tr>
<tr><td>Knitrose</td><td>1. 针对穿衣便捷性进行设计，使之穿脱边界
2. 采用特殊剪裁且没有传统纽扣的款式
3. 开发美观实用针织品</td></tr>
<tr><td>Levi's</td><td>采用弹性牛仔布和可以从裤腰或裤腿拉开的长侧缝拉链，并在裤子的侧边设置了一个特殊的半边皮带内扣，用以座位下降时固定牛仔裤</td></tr>
<tr><td>The Alternative Limb Project</td><td>艺术品般的假肢设计，假肢有无限可能，展示着超乎想象的美感、科技感和浪漫情怀。同时融合科技性用电镀金碳纤维和丙烯酸制成的透明感十足的手臂，可以读取使用者的脉搏，让手腕随着心跳跳动</td></tr>
</table>

个体调研 乐女士

姓名	乐 ×	特殊要求	需求原因	总结
性别	女			总结 伤友身体衰老程度要慢于正常人，面貌与受伤年龄相近，且受伤越早身体衰老程度越慢 1. 在手臂处进行遮挡手臂肌肉的设计，但要考虑活动舒适与便捷性 2. 在手腕处进行加厚处理或使用特殊面料 3. 考虑衣长和底摆设计 4. 考虑袖子宽松与特殊设计 5. 调整裤子版型 6. 在裤腰部分做加宽松紧带或在腰部前端进行拉链设计 7. 调整裙长 8. 在小腿处进行加厚处理或使用特殊面料 9. 调整腰的宽松度，避免使用魔术贴这种较硬的辅料 进行视觉上的处理 口袋设计 1. 需要胸袋 2. 大腿内侧和裆都进行隐形拉链设计 3. 避免伤部外露或伤处强调的设计如特殊图案隐藏尿线 4. 上衣避开绳子或零碎的装饰。装饰尽量在胸部以上但不能在臂部 5. 将裤子口袋设计在裤子正面腿部或小腿处 考虑外套的舒适性便捷性与安全性
年龄	39		外表年龄比真实年龄年轻	
受伤时长	从小残疾			
身体状况	脊柱侧弯，上半身较短，胳膊与腹部较粗，整体身高不高，胸腰椎可以自理，颈椎困难			
日常穿着	简约、休闲、街头，修饰身形，遮挡手臂肌肉的服装			
现有上装	上衣前短后长，遮挡手臂	1. 避免蝙蝠袖服装和一字肩服装 2. 上衣小臂内侧需要防脏耐磨 3. 衣长不能过长，选择前短后长或弧形底摆的上衣 4. 袖口收紧的服装	1. 一字肩服装会露出因为常年推动轮椅而导致肌肉发达的手臂。需要扬长避短 2. 用手推动轮椅时，胳膊会随着轮椅轮子转动，上衣小臂内侧会摩擦到轮椅侧边，所以上衣小臂内侧需要防脏耐磨 3. 因为上身偏短，服装会因坐姿在腹部堆积，造成不适 4. 避免绞进轮椅	
现有下装	1. 裤子偏大一码（腰围偏大） 2. 选择松紧牛仔裤，不要低裆裤子 3. 选择贴身 A 字裙	1. 希望有一片式裤子的设计 2. 小腿处进行加厚处理 3. 有合适的腰部处理的裤子	1. 裤子偏大一码，便于坐姿的身体拉伸，与腰臂部贴合 2. 因为坐姿和改变座椅的原因，低腰将会因反复动作腰部下滑露出臀部 3. 裙长坐下至膝盖往下中部 4. 冬天小腿冷易生冻疮 5. 偏大一码的适合坐姿的裤子会腰部偏松，且调节魔术贴会偏硬，容易磨损腰部	
喜欢类型	简约但修饰身形，遮挡手臂肌肉的服装			
喜爱色彩	喜欢简单亮色点缀的无色系的服装		长期坐轮椅会导致身材变形，或导致上肢粗壮，希望用色彩的对比调整身形，在视觉上进行美化如显瘦等处理	
喜爱面料	选择棉、麻面料	1. 避免真丝等太滑的面料 2. 后背的面料需要透气排汗速干等	1. 太滑的面料坐不住 2. 因为久坐轮椅后背贴住容易出汗	
喜爱装饰	不太花哨	多设计衣服口袋或裤子口袋		
其他特殊需求		1. 需要胸线 2. 大腿内侧和裆部进行隐形拉链设计 3. 避免伤部外露或伤处强调的设计，如特殊图案隐藏尿线 4. 上衣避开绳子或零碎的装饰，装饰尽量在胸部以上但不能在臂部 5. 将裤子口袋设计在裤子正面腿部或小腿处	1. 轮椅使用者的随身物品如手机等需要考虑到放置便捷和安全，裤子的兜部设计因坐姿使用不便 2. 隐形拉链设计使得伤友上厕所方便且不会引起他人的特殊注意； 3. 伤友的心理需求是希望被当作正常人一样对待，避免过度强调他人关注 4. 要避免绳子或小饰品会卷进轮胎，避免背部装饰导数伤友有伤的背部再度磨伤或戳伤 5. 腿部多口袋设计让使用者生活更便捷，同时一定的量感设计会避免小腿萎缩明显带来的与他人的不同的心理感受	
其他建议		1. 可以穿到合适的衬衫 2. 考虑外套的长短 3. 调整服装整体腰围 4. 雨衣对全身的笼罩 5. 鞋子以系带为主	1. 衬衫无弹性，很难买到方便活动或穿着适合的衬衫 2. 外套过长会绞进轮椅 3. 运动服腰围偏大 4. 雨衣长度不够无法遮挡手臂，或是一只手撑伞一只手推轮椅不方便 5. 鞋子浅口容易掉	

个体调研 顾先生

姓名	顾 × ×	特殊需求	现在服装不足	需求原因	总结
性别	男				总结 伤友身体衰老程度要慢于正常人，面貌与受伤年龄相近，受伤越早身体衰老程度越慢 1. 增加袖笼宽松量或采用弹性面料 2. 在手腕处进行加厚处理或使用特殊面料 1. 在裤腰部分做加宽松紧带或在腰部前端进行拉链设计 2. 省去裤子后部全部设计 设计偏浅色的衣服 选择舒适合理的面料 在时尚设计的同时避免影响正需活动 1. 需要胸袋 2. 大腿内侧和裆部进行隐形拉链设计 3. 避免伤部外露或伤处强调的设计，如特殊图案隐藏尿袋 4. 避免使用魔术贴或按扣等辅料选择 5. 将裤子口袋设计在裤子正面腿部或小腿处 进行拉链或特殊帮助的穿脱设计
年龄	41			外表年龄比真实年龄年轻	
受伤时长	13 年			双腿不良于行。但上半身活动正常	
身体状况	上半身几乎完全正常，下半身行动不便				
日常穿着	简约日常	与纯素的基础款相比，更喜欢有简洁的图文装饰，大字母或脸谱等			
现有上装	偏大码服装或偏中长款上衣	1. 肩膀和腋下需要弹性大一点或宽松一点 2. 上衣小臂内侧需要防脏耐磨	1. 现无适合下肢残疾伤友的特殊版型的上衣，所以只能购买大一码的服装 2. 现无袖口特殊设计防磨的服装	1. 因为上半身可以正常行动但需要用双手推轮椅，胳膊活动幅度较大，为了便于活动且穿着舒适，所以需要肩膀和腋下弹性大一点或宽松一点 2. 用手推动轮椅时，胳膊会随着轮椅轮子转动，上衣小臂内侧会摩擦到轮椅侧边，所以上衣小臂内侧需要防脏耐磨	
现有下装	常穿运动裤、牛仔裤，避免购买低腰款和臀部有装饰或口袋的	1. 运动裤的裤腰采用宽的松紧带 2. 牛仔裤面料无弹性 3. 选择中高腰裤 4. 选择净版裤子	1. 运动裤的松紧带会导致过度拉伸提不起裤子且冬季穿秋裤等内搭裤子以及部分上衣会垫在屁股下形成褶皱，不舒服的同时如果下肢严重无知觉会注意不到会造成皮肤磨损 2. 过紧或过细的腰部松紧带会导致腰部不适 3. 牛仔无弹性自己穿着麻烦 4. 现有中高腰裤对于下肢瘫痪者来说穿着困难 5. 现有裤子多在臀部处进行裤兜设计。会磨损臀部及大腿皮肤	1. 运动裤的裤腰松紧带穿脱方便，与其他面料相比，运动面料更垂顺舒适，简单整洁 2. 运动裤一般都采用宽的松紧带，穿着舒适 3. 牛仔裤面料无弹性，方便自己穿脱时拉起至腰部，不会因为松紧带的原因而提不起裤子 4. 因为坐姿和改变座椅的原因，低腰裤会因反复动作腰部下滑露出臀部 5. 后兜和侧兜设计会磨损皮肤	
喜欢类型	活力、年轻、精神				
喜爱色彩	偏浅色、亮色		男士浅色、亮色、彩色衣服偏少	1. 浅色衣服可以遮盖生理原因产生的污渍 2. 亮色显得年轻	
喜爱面料	棉质、透气性好、吸水性强	棉质、透气性好、吸水性强		1. 伤友多数身体皮肤娇嫩，容易过敏或神经疼痛，需要柔软透气的面料，避免刺激皮肤 2. 下肢瘫痪的伤友需要用上肢使用轮椅，运动量大，排汗多	
喜爱装饰	简单	简单		避免影响正常活动	
其他特殊需求		1. 需要胸袋 2. 大腿内侧和裆部进行隐形拉链设计 3. 避免伤部外露或伤处强调的设计，如特殊图案隐蔽尿袋 4. 避免使用魔术贴或按扣等辅料选择 5. 将裤子口袋设计在裤子正面腿部或小腿处		1. 轮椅使用者的随身物品如手机等需要考虑到放置使捷和安全，裤子的兜部设计因坐姿使用不便 2. 隐形拉链设计使得伤友上厕所方便且不会引起他人的特殊注意 3. 伤友的心理需求是希望被当作正常人一样对待，避免过度强调他人关注 4. 魔术贴或按扣等辅料会在日常使用时绷开或对皮肤造成损 5. 腿部多口袋设计让使用者生活更便捷，同时一定的量感设计会避免小腿萎缩明显带来的与他人的不同的心理感受	
其他建议		拉链选择有拉环或八字形的拉链头的		上肢有残疾的部分伤友可能手部不灵活或小臂能够用力，特殊的拉链头可以辅助伤友独立穿衣	

图 4-1

整体调研——确定目标残疾人消费者画像

目标用户画像
年龄："60后"至"10后"
性别：不限
性格特点：对于服装和生活便捷与舒适性有一定需求，对于时尚性有一定追求的残疾人群体
生活状态：积极向上，对服装设计有诉求
关注点：服装的色彩、款式、面料；功能性、安全性、舒适性、合体性、细节设计
用户分布：基本生活能够自理的肢体残疾人
客观条件：生活状态良好、心态积极向上；对时尚有一定追求；有一定经济能力

图4-1 品牌调研

第二节 产生创意版

当调研工作取得一定成果后，设计师们便可以开始着手进行主题设计创作，并精心编制一个灵感创意版。这一环节是设计过程中至关重要的一个步骤，它能够帮助设计师将自己的想法和创意以清晰、信息丰富的视觉语言组织并呈现出来。

灵感创意版是一个极具创意和实用性的工具，它汇聚了设计师在调研阶段所获得的各种素材和灵感。通过将这些素材进行精心挑选和组合，设计师能够将自己的想法以视觉化的方式表达出来，从而更好地理解和梳理自己的设计思路。

在编制灵感创意版的过程中，设计师需要充分发挥自己的创造力和想象力。他们可以将不同的元素、色彩、图案和布局进行尝试和组合，以找到最能表达自己想法的视觉效果。同时，设计师还需要注重信息的呈现和传递，确保灵感创意版上的内容能够清晰、准确地传达自己的设计理念和意图。

通过灵感创意版的编制，设计师能够更好地组织和呈现自己的想法，为后续的设计工作提供有力的支持和指导。同时，它还能够作为一个有效的沟通工具，帮助设计师与团队成员、客户或合作伙伴更好地交流和协作，确保设计项目的顺利进行。

因此，在调研成果的基础上，编制一个灵感创意版是设计师们进行主题设计创作时不可或缺的一个环节。它能够帮助设计师将自己的想法以清晰、信息丰富的视觉语言组织并呈现出来，为后续的设计工作奠定坚实的基础。

一、灵感发散与头脑风暴

在确定主题的情况下，去尽可能发散自己的思维，转化为设计语言，最终能对应到服装制作上。案例中设计师的设计主题为《植愈》，灵感主要来自竹子的生命力，设计师提取了渡船元素——水与蓑衣，植物元素——竹子与绿色，竹编元素——服装工艺选择等（图4-2）。

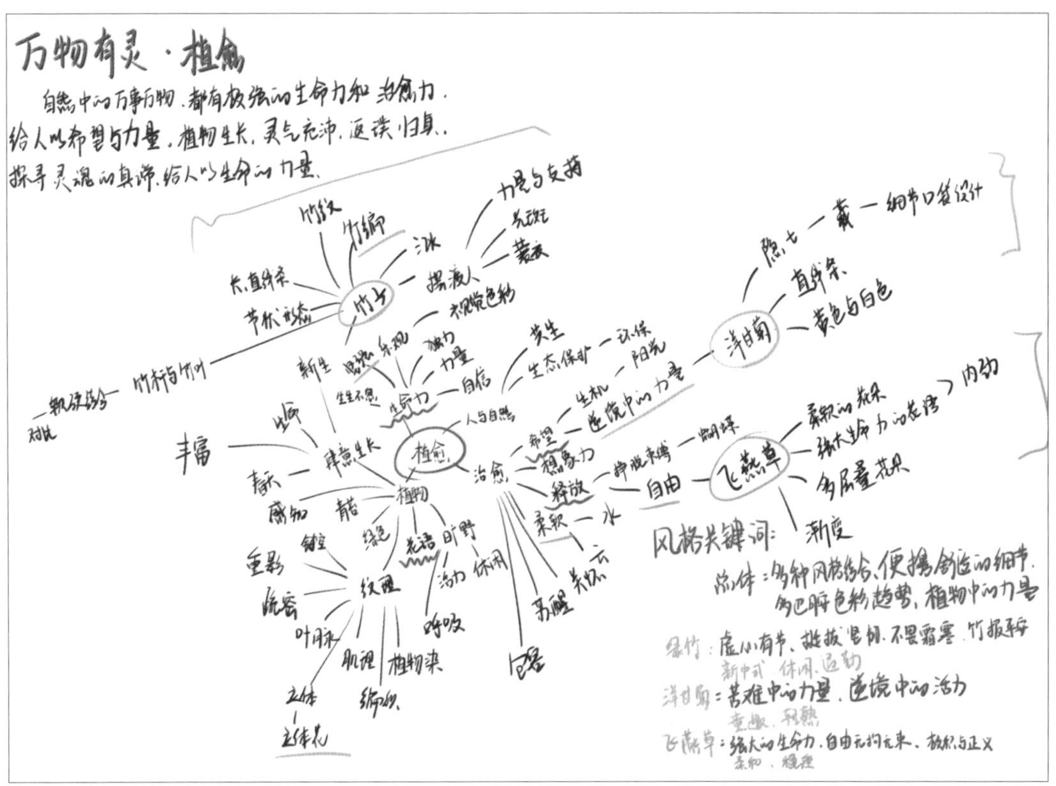

图 4-2

图4-2 《植愈》创意版

二、灵感版制作

灵感会在任何地方产生。根据周围的环境，分析、探索后，借用那些呈现在设计师面前的想法、颜色、面料和造型。灵感扩散后得到的设计元素，都有大量的灵感来源。为设计提出一个主题、一个故事或者一个哲理。用图画和照片证明视觉探索（图4-3）。

三、找到定位

设计的目标是传达一个特定的创意，这个创意是反映调研的关键内容，同时帮助系统地表述设计主题、概念和方向。利用创意版陈列出任何设计师认为能够启发灵感的视觉形式——明信片、照片、杂志剪贴、图画、优质的彩色图片等。同时包括织物和色彩系列的选择。确定将调研和色彩系列相联系，这样就可以使调色板、质地和织物变得清晰。

四、排版

创意版是一个参考工具——它的设计必须是激发人的灵感，因为其功能相当于灵感催化剂，激发进一步的设计。服装设计学生制作的创意版，不会出现两个是类似的情况，并且每个创意版都有自己的独特信息和设计方向。一个令人激动的、引人注目的排版是创意版成功的关键。如果能够引起兴趣，它会促进进一步的设计感觉和概念的调研，而且会由此产生更有趣的精美设计。

植愈
自然中的植物，都有极强的生命力和治愈力，给人以希望和力量。
万物有灵，活力充沛，我们探寻植物灵魂的真谛，给予人们希望与生命的力量

摆渡人·竹
活着就是逢山开路，遇水架桥，如果命运是一条孤独的河流，那么我将是自己的摆渡人。

图 4-3 灵感版

第三节 设计元素拓展

从创意版上提取设计思想与元素，进而将其转换成为服装效果图的设计过程，是一个充满挑战与创造的阶段，我们称为设计元素拓展。这一环节并非一成不变，相反，它鼓励设计师们打破常规，用独特的视角和技巧去推进设计理念，使其不断发展完善。

在设计元素拓展的过程中，设计师们需要仔细审视创意版上的每一个元素，思考它们如何转化为服装的款式、面料、色彩等具体设计语言。这是一个需要发挥想象力和创造力的过程，设计师们需要不断地尝试、调整和优化，才能找到最适合的设计方案。

同时，设计师们还需要着眼于准备大量不同款式的设计方案。这包括不同的长度、廓型、面料和色彩等方面的变化。通过尝试不同的组合和搭配，设计师们能够更全面地探索设计的可能性，找到最具创意和实用性的设计方案。

然而，值得注意的是，并非所有的设计都是有效的。设计师们需要保持敏锐的洞察力和批判性思维，不断审视和反思自己的设计方案，及时发现问题并进行改进。这个过程虽然艰难，但它是实现一个成功设计的重要部分。

因此，设计元素拓展是一个既需要灵感又需要技巧的过程。它要求设计师们既要敢于创新，又要注重实效；既要关注细节，又要把握整体。只有这样，才能将创意版上的设计思想与元素成功地转化为服装效果图，为后续的服装设计工作奠定坚实的基础。

该作品以竹子结构为设计灵感，以竹子的细节和含义作为设计出发点，设计师将竹子的结构用于她的设计中。灵感版能看到竹子的想法如何变化发展（图4–4）。

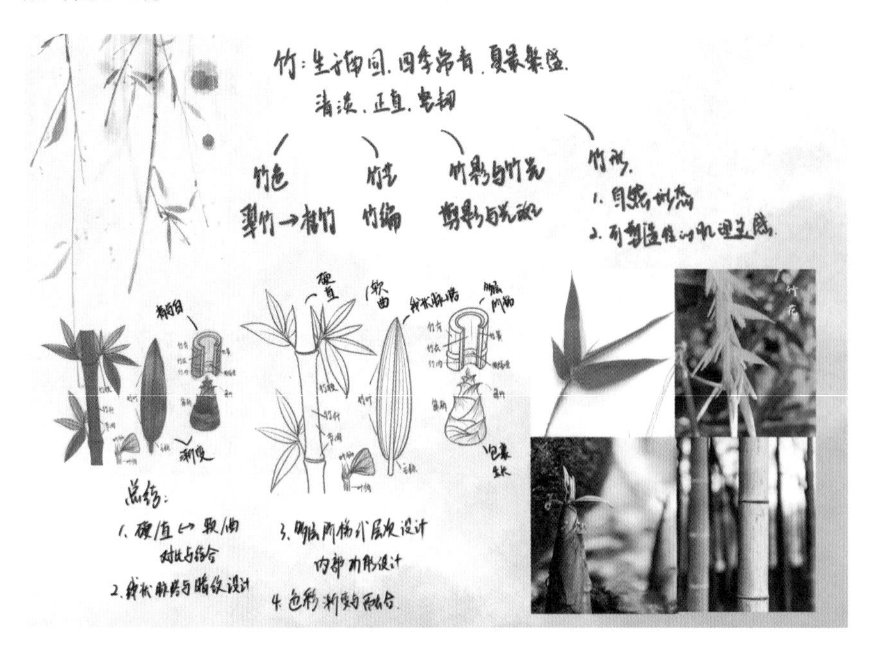

竹子的基础元素的运用

1. 节状结构
2. 柔软的叶子与坚硬的竹节的软硬结合
3. 绿竹、墨竹的色彩提取

竹子—竹编元素的应用

1. 传统镂空编织的局部应用
2. 强调竹条间“编织”的原理

（1）可调节的插接结构—高自由度的腰带、袖口

（2）可拆卸的结构满足站姿和坐姿的需求

新中式元素的应用

1. 古法暗扣与现代金属的结合
2. 现代解构搭片设计
3. 色彩与面料的拼接

图 4-4　竹元素灵感版

第四节 色彩与面料版

在服装设计的流程中，色彩版扮演着举足轻重的角色。它不仅仅是一个简单的颜色选择，更是设计师对服装整体风格的精准把握和诠释。设计师在创作一款服装时，色彩版便是他们为这款服装精心挑选的具体颜色方案。色彩版中通常涵盖了主色、辅助色和细节色等多个层次，这些色彩之间相互协调、相互映衬，共同构建出服装的整体色彩效果。

主色通常是服装中占据主导地位的颜色，它决定了服装的基本色调和风格走向。辅助色则用于衬托主色，增强整体的层次感和视觉效果。而细节色则用于点缀和修饰，使服装在细节之处更显精致和独特。设计师通过巧妙运用这些色彩，使服装在视觉上更加和谐、统一，同时也能够突出设计师的创意和个性。

与色彩版相辅相成的是面料版。面料版是服装设计师在设计阶段不可或缺的工具之一，它汇集了各种类型、颜色和纹理的面料样本。设计师在创作过程中，会根据设计概念的需要，挑选合适的面料来呈现自己的设计理念。这些面料不仅具有不同的外观效果，还具备不同的物理性能和穿着体验。通过面料版，设计师可以更加直观地展示自己对面料的选择和处理能力，同时也能够为观众提供更加丰富的感官体验。

在服装设计作品集中，面料版通常是一个重要的组成部分。它不仅展示了设计师对面料的熟悉程度和处理技巧，还能够体现设计师对服装整体风格的把握和诠释。观众通过面料版，可以更加深入地了解设计师的创作思路和过程，感受到设计师在面料选择和运用上的匠心独运。

因此，无论是色彩版还是面料版，都是服装设计中不可或缺的重要元素。它们共同构成了服装设计的完整体系，为设计师提供了更加全面和深入的创作空间。通过精心打造的色彩版和面料版，设计师能够将自己的创意和个性完美地呈现在服装之上，为观众带来一场视觉和感官的盛宴（图4–5）。

服装的色彩不是凭空出现的，除了与设计主题相关外，还与服装设计的图案以及风格相关，例如以竹子为主题，在图案设计中设计师会主要结合绿色，以展现竹子的生机与活力。当然，仅仅使用绿色可能显得单调，于是设计师还会加入其他主题色进行结合，使色彩更加丰富、有层次感。除了与图案设计相关，服装风格也是影响色彩选择的重要因素。不同的面料往往会带来不同的服装风格，而风格又与色彩紧密相连。例如绸缎带来新中式的柔软内涵，皮革带来朋克的酷帅冷硬等，服装风格也影响着面料与色彩的选择。

综上所述，服装的色彩选择是一个综合考虑设计主题、图案设计以及服装风格的过程。设计师需要运用自己的专业知识和审美眼光，从众多色彩中挑选出最适合的色彩组合，使服装整体呈现出最佳的效果。同时，不同的面料所带来的服装风格也要考虑在内，确保色彩与面料的完美结合，呈现出令人满意的服装作品。

图4-5 面料版

第五节 服装效果图与款式图

在深入完成调研并积累了丰富的灵感设计素材之后，设计师将踏入设计的下一个关键环节——设计实践。这一阶段，设计师将基于前期的调研成果，将抽象的创意转化为具体的设计作品。

（1）绘制效果图。效果图是设计实践的起点，也是设计思路的直观呈现。在绘制效果图时，设计师会仔细思考如何将调研中获得的信息和灵感融入其中，同时考虑色彩、面料、图案等多个方面的搭配和协调。通过不断调整和完善，设计师将最终呈现出一幅充满创意和个性的服装效果图。

（2）绘制款式图。款式图是设计实践中的重要环节，它详细描绘了服装的款式、尺寸、结构等关键信息。在绘制款式图时，设计师需要充分考虑服装的穿着舒适性、功能性以及美观性等多个方面，确保设计作品既符合市场需求，又能体现设计师的创意和个性。

在设计实践过程中，设计师还需要不断地尝试、修正和完善，最终将呈现出一款既具有创意又实用的服装作品，带来新的惊喜和亮点。总之，设计实践是设计师将调研与灵感转化为具体设计作品的关键环节。通过绘制效果图和款式图，设计师能够将自己的创意和想法具象化，为后续的制作和推广提供有力的支持（图4-6、图4-7）。

图 4-6 学生作品《植愈》效果图

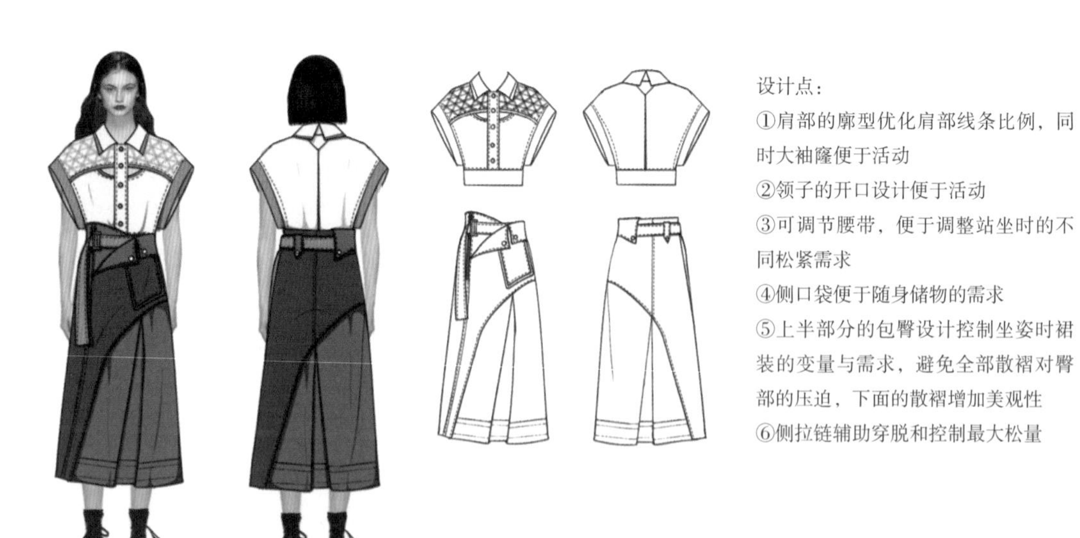

设计点：

①肩部的廓型优化肩部线条比例，同时大袖窿便于活动

②领子的开口设计便于活动

③可调节腰带，便于调整站坐时的不同松紧需求

④侧口袋便于随身储物的需求

⑤上半部分的包臀设计控制坐姿时裙装的变量与需求，避免全部散褶对臀部的压迫，下面的散褶增加美观性

⑥侧拉链辅助穿脱和控制最大松量

设计点：
①内搭收袖口的设计便于活动和调节性
②侧边加长的领子开口增加可调节性，减少束缚
③外马甲增加袖窿的活动量，同时调节比例
④马甲底部可调节卡扣适应松紧和板型需求
⑤裙装腹部开口增加松量，搭配可调节腰带使活动更方便
⑥减少臀部的褶皱避免压迫臀部，褶皱集中在前片

设计点：
①肩部设计调节比例的同时遮挡袖窿的放大，使站姿时也不会感到特殊袖窿板型的不同
②可拆卸的衣长满足站姿和坐姿的需求，同时考虑下半部分的衣服可以变成随身背包
③可调节袖口
④拉链裙满足坐姿时的松量需求

设计点：
①上衣的两侧搭片隐藏内口袋，使有需要放东西时不会显得胸部奇怪
②可调节按扣袖口
③衣摆增加腰袢可以自己搭配调节绳
④可调节裤腰，同时调节处在前侧，避免正中间腹部压迫
⑤可用搭扣收束的阔腿裤口

图 4-7

图 4-7 学生作品《植愈》款式图

第六节 服装制作

服装制作是一个精细且复杂的过程，它开始于效果图和款式图的确定，然后制作过程的逐步推进到最后实物的呈现。这一过程需要设计师、打板师、缝纫工等多个角色的紧密协作，共同确保服装从设计到成品的完美呈现。

打板是服装制作的第一步，它根据款式图的要求，将设计师的创意转化为具体的纸样。打版师需要仔细研究款式图，理解设计师的意图，同时考虑面料的伸缩性、穿着的舒适度等因素，确保纸样的准确性（图4–8）。

接下来，做白坯样衣是验证纸样是否合适的关键环节。使用与最终面料相近的白坯布进行制作，这样可以在不浪费贵重面料的前提下，检查纸样是否合适，版型是否准确。白坯样衣的制作过程中，缝纫工需要严格按照纸样的指示进行缝制，确保每一个细节都符合设计要求。

然后，根据白坯样衣的试穿效果，设计师和打板师会一起对服装版型进行调整。调整可能涉及肩宽、胸围、袖长等多个方面，需要反复试穿和修改，直到达到满意的效果。

在版型调整完成后，接下来是工艺尝试。这一步主要是为了确定最佳的缝制工艺和细节处理方式。例如，拉链的安装位置、口袋的开合方式、纽扣的缝制技巧等，都需要在这一阶段进行尝试和调整。

最后，就是制作成衣的环节。在确认了纸样、板型和工艺之后，缝纫工会使用成衣面料进行缝制。这一步需要严格按照之前的步骤和要求进行，确保每一件成衣都符合设计要求，同时保证质量和美观度（图4–9）。

整个服装制作过程需要耐心和细心，每一个环节都不能马虎。只有通过精心的制作和不断地尝试，才能将设计师的创意完美地呈现在实物上，为消费者带来舒适、美观的穿着体验。

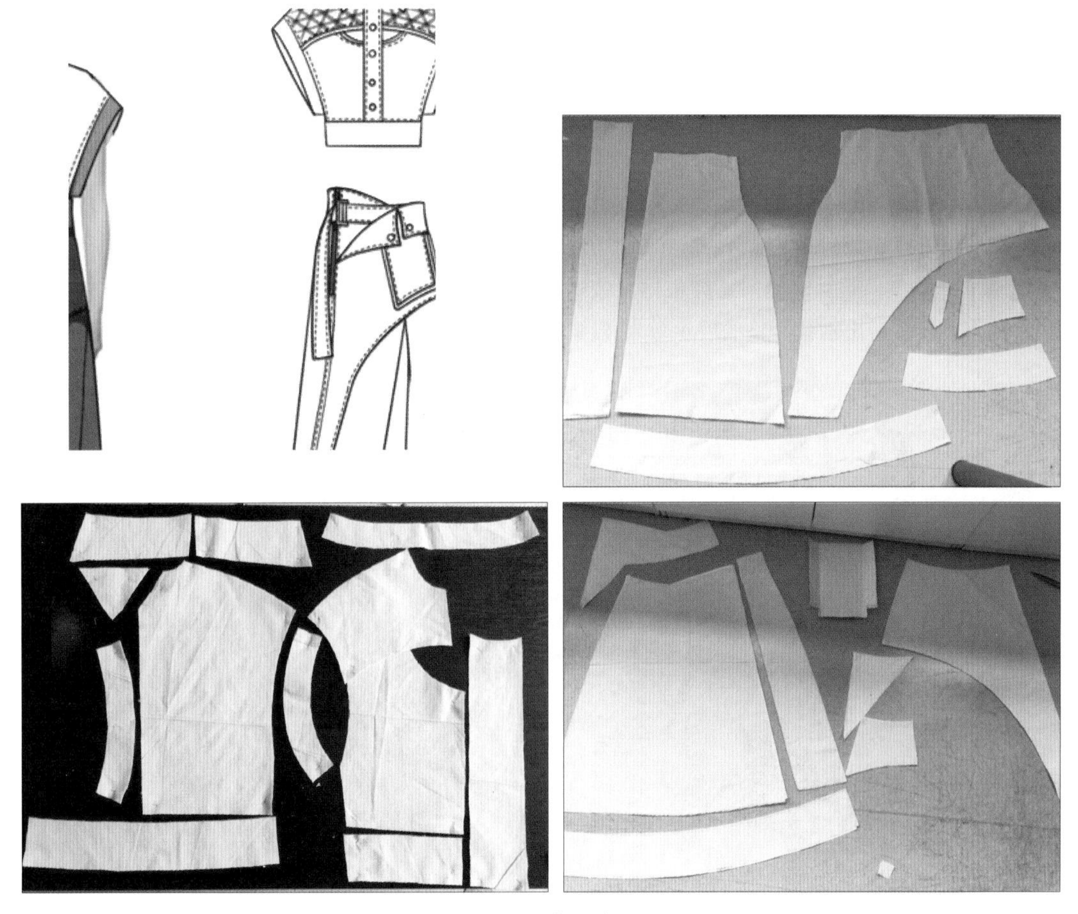

图4-8 学生作品《植愈》成衣打板

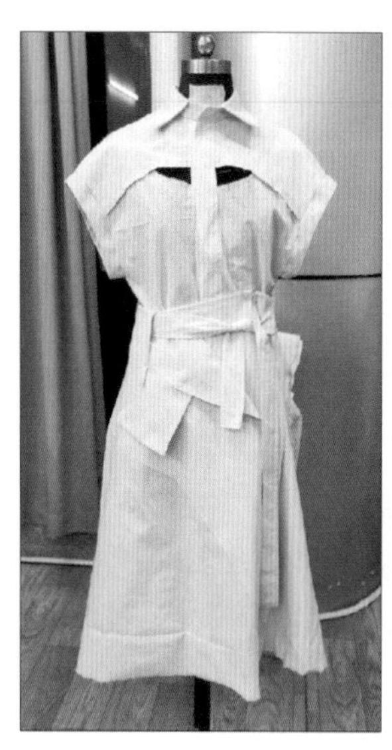

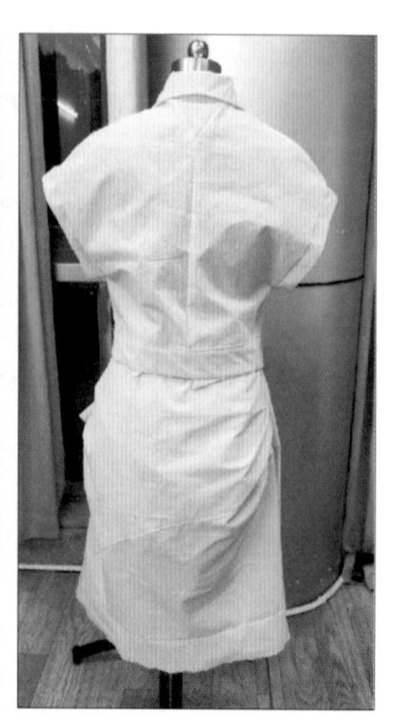

图4-9 学生作品《植愈》成衣白坯布

第七节 服装成衣展示

服装成衣展示是设计流程中至关重要的一环，它是设计师作品效果的最终呈现。

在准备阶段，设计师会精心挑选展示场地与拍摄风格，确保拍摄风格与服装风格相契合。同时，他们还会根据服装的特点和主题，策划出独特的展示方案，力求打造出别具一格的展示效果（图4-10）。

图4-10 学生作品《植愈》服装成衣展示

第八节　设计案例

这是一位服装与服饰设计专业学生的本科毕业设计全过程，涵盖了从灵感萌发到最终成片的完整设计流程。该系列设计以《Order and Disorder：秩・无序》为题，灵感源自深邃宇宙与科技世界的动态变化。设计者从探讨设计手法的角度出发，为我们呈现了一系列蕴含复古未来主义美学的服装作品（图4-11、图4-12）。

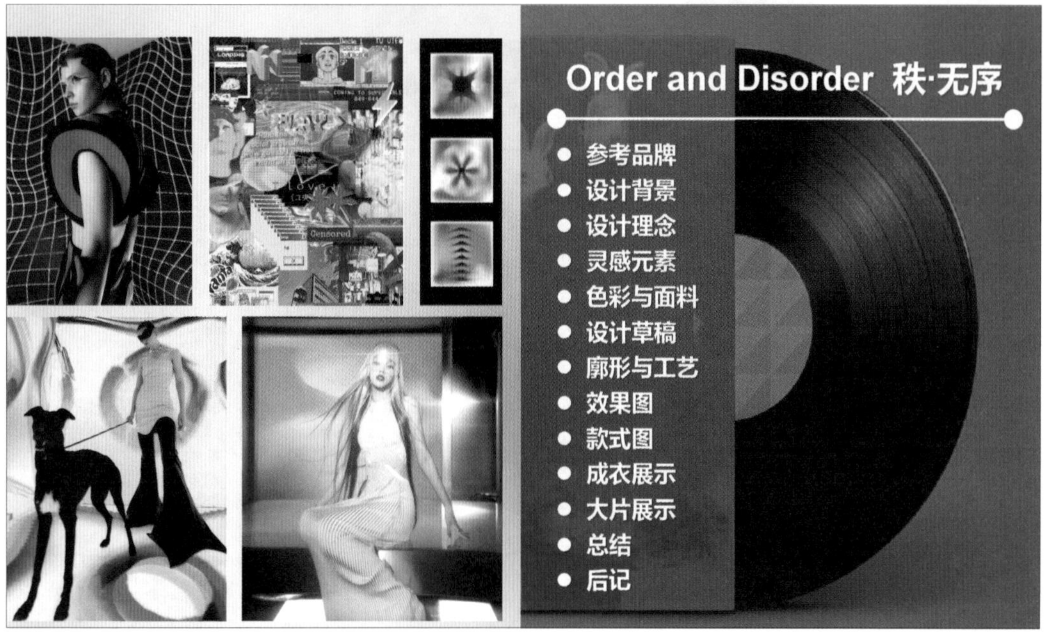

图4-11　设计手册《Order and Disorder 秩・无序》设计全过程

图 4-12 参考品牌

一、调研

除对设计重点和主题调研外，对相关风格品牌的调研也至关重要。通过对前辈的学习，能够拓宽设计师本人对设计的理解，也能通过他人对主题的理解，发现更广阔的设计思路（图4-13、图4-14）。

图 4-13 设计背景

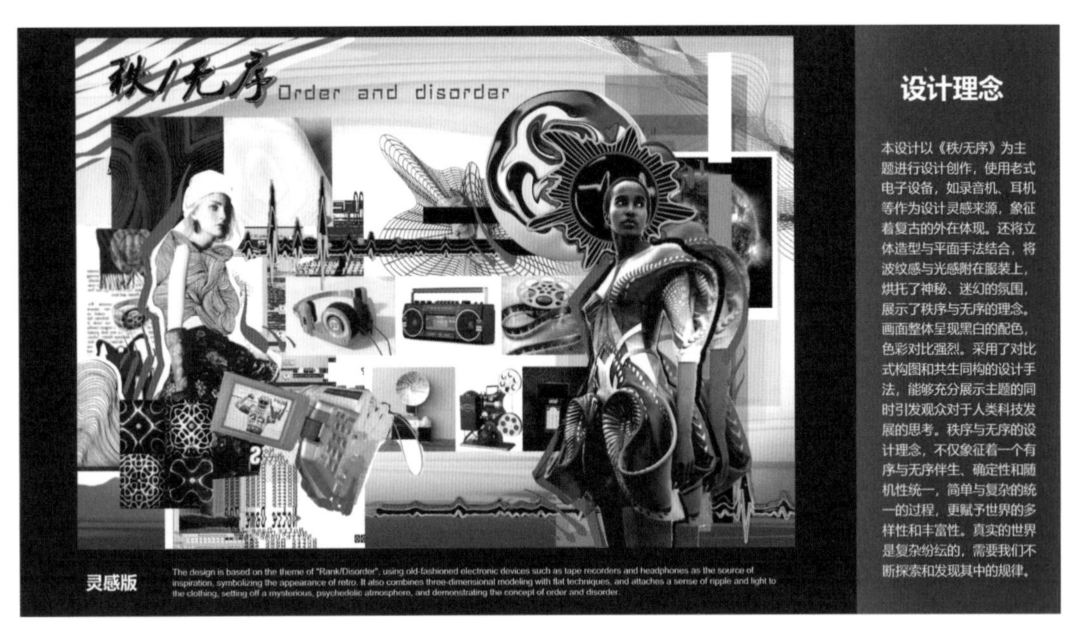

图 4-14 设计理念

二、产生创意版

设计灵感源于深邃的宇宙和科技世界中的动态变化。设计师参考太阳风暴发生的太阳耀斑和太阳风形态进行分析，将圆形释放、无序扭曲等随机元素融入服装设计中，同时，太阳风暴发生时的造成通信故障也成为设计元素，结合老式电脑等电子设备以及电脑的改变进化为载体尝试解构等手法，展现了对蒸汽波艺术风格元素在服装上的应用与创新，也为服装设计注入独特的艺术魅力（图4-15）。

图 4-15 灵感元素

三、设计元素拓展

将设计元素融合在一起后，可以展现出蒸汽波艺术风格的设计手法特点以及包含的复古主义情怀。这种设计理念不仅在视觉上具有吸引力，还体现了对平面设计艺术风格的重新诠释和当代审美的融合。这样的设计不仅仅是对蒸汽波艺术风格的传承，更是对其进行了创新性的探索和应用。通过将宇宙中的壮丽景象与科技世界的变迁融合在一起，创造出一种新的时尚语言。这些元素为服装设计注入了独特的艺术魅力，使得每一件作品都呈现出一种独具个性的时尚风格。

四、色彩与面料版

在色彩方面，基于本次设计的主题，对“蒸汽波”服饰色彩做减法，主要选取黑白两色，打造低保真画面风格，通过肌理感和造型感展示蒸汽波艺术风格，将视觉中心从传统的蒸汽波的绚丽梦幻的色彩上转移到造型上。

设计时结合色彩搭配与蒸汽波艺术风格服装的设计特点，材料主要选择带有暗纹的皮革面料、复合冲锋衣格纹防水面料、薄款西装面料、弹力半透明网纱面料等，整体纹理富有特色，质感较好，与颜色相匹配（图4–16）。

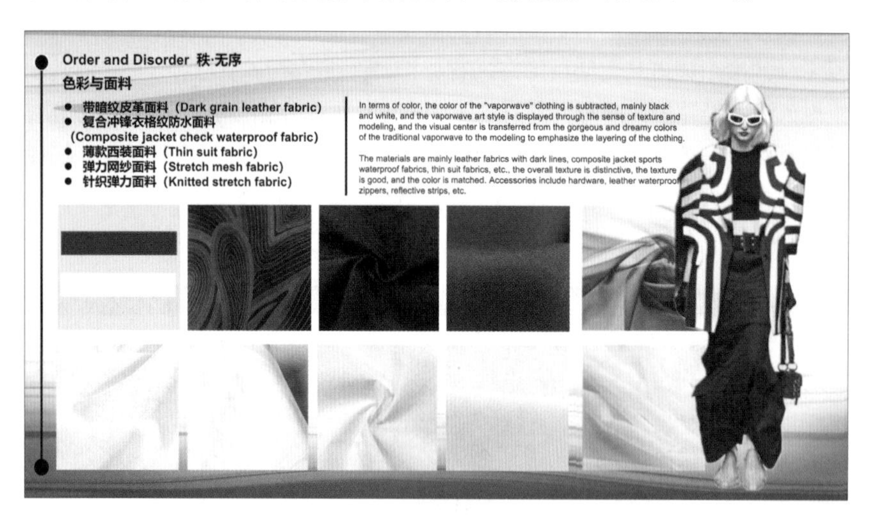

图4–16 色彩与面料版

五、服装效果图与款式图

在确定了设计主题、色彩与面料后，可以开始进行初步的款式绘制。但是，在绘制前，设计师本人要考虑清楚将贯穿设计全系列的元素。在《秩·无序》系列设计中，设计师将结构立体化与抽褶肌理作为设计元素进行尝试。

绘制款式不能仅停留在纸面上，还要考虑服装的实穿性与制作方式，所以确定设计元素后，可以先进行初步的款式设计实验，来保证设计的顺利完成。

初步的款式设计，可以根据拼贴或者款式绘制的方式绘制草图，在整体上感受设计的系列感，然后选取部分款式进行细节绘制和完整的款式绘制（图4-17）。

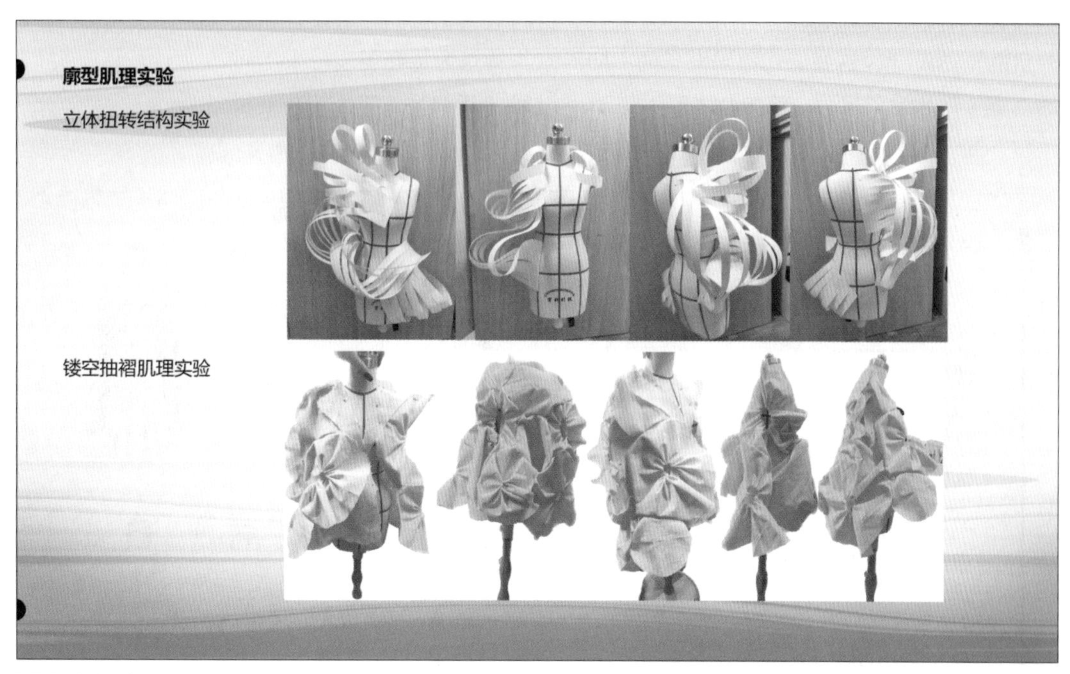

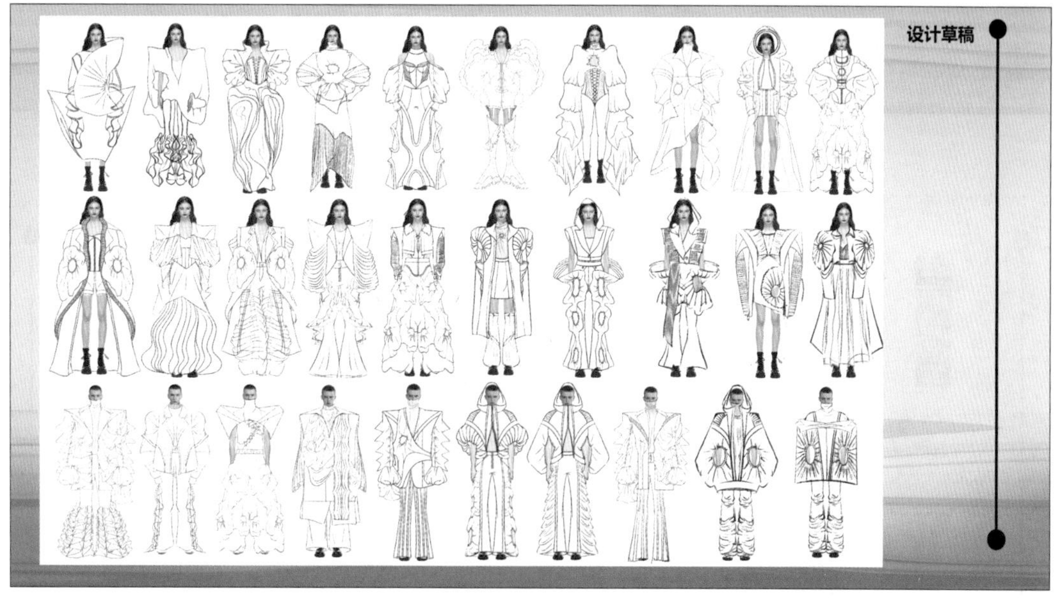

图4-17　初步款式设计与实验

款式绘制过程中，可以参考设计元素进行拼贴设计（图4-18）。在多次拼贴后选择合适的设计图进行细节绘制（图4-19）。

在《秩·无序》系列设计中，设计师将老式电子设备以及电脑的改变进化为载体，通过解构等手法，将收音机、照相机等形态以及通信故障的错综复杂、充满张力的情感融入服装设计中，将年代感与未来感相结合，从当下的视角回忆20世纪80～90年代人们对未来的幻想，展现其复古未来主义情怀（图4-18～图4-22）。

设计师的每套服装含有各自的子主题，展现出不同的设计风格和特点。从收音机的结构特征到外包耳机的廓型设计，再到老式相机的递进设计和放映机的错落设计，这些老式数码设备的不同形态与特点为每套服装带来不同的视觉效果和设计概念。该作品体现了对20世纪80年代的复古情怀的尊重和致敬，同时也注入了现代时尚设计的创新元素。

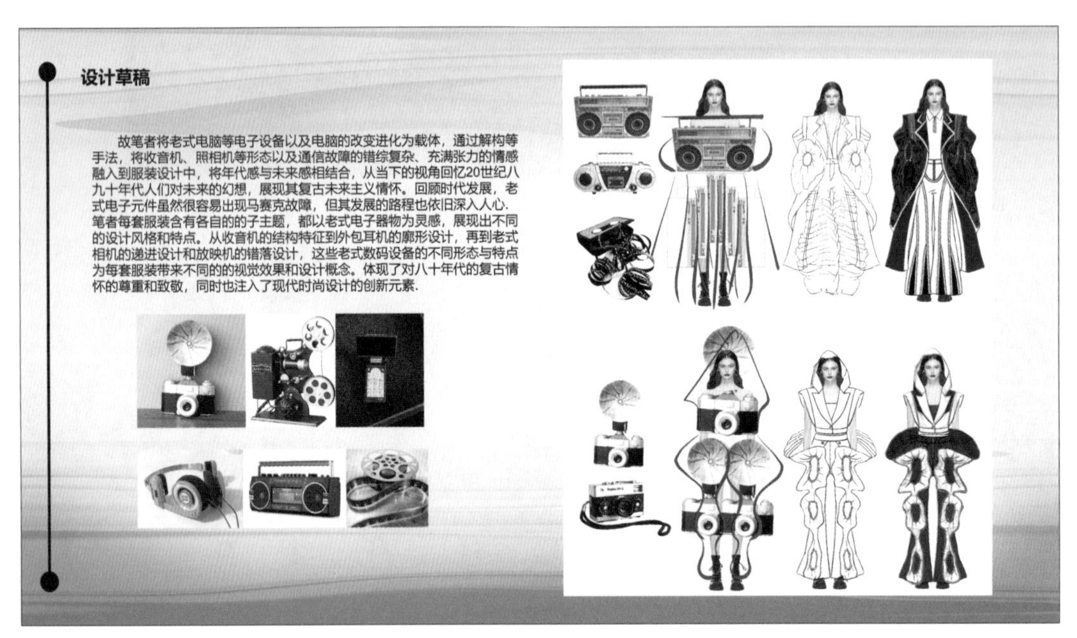

图4-18　元素拼贴设计

图4-19　细节绘制

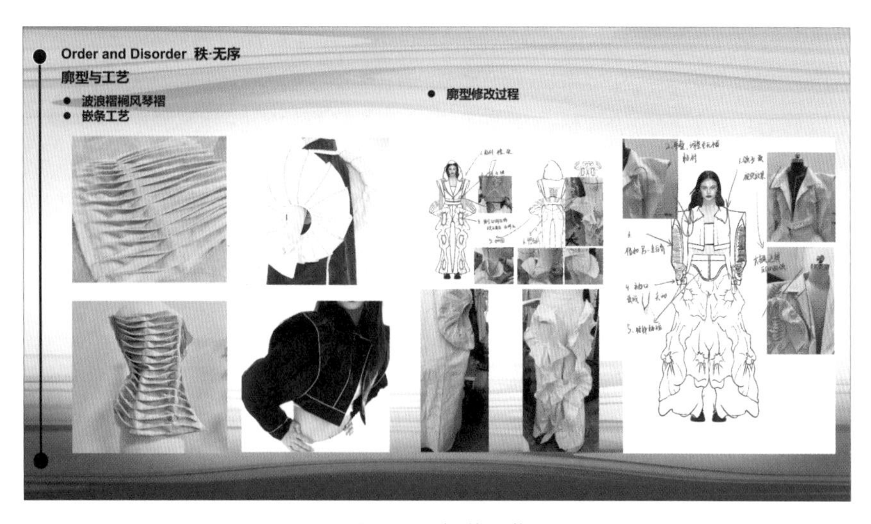

图 4-20 廓型与工艺

图 4-21 效果图

图 4-22 作品创新点

在该系列服装整体的风格上弱化了蒸汽波色彩鲜艳、夸张、怪诞的特点，转而选用黑白灰与金属进行搭配带来的电子元件的冷肃感。通过服装的主次来把控每个颜色的比重，给人一种科技感与未来感。在服装的风格上保留了蒸汽波艺术风格中朋克服饰与复古未来主义服装的一面，又加入运动成衣的成分来使服装设计感更强，受众更广泛。

设计师在设计中将表现方式应用到服装的面料与结构上，主要表示蒸汽波根源的随机性，故服装的组成部分不按常理设计，而是通过解构重组等跳出单纯的平面拼贴，探寻更多形式的创作手法，例如变形扭曲叠加等来表达蒸汽波的艺术特点，重叠的领子，服装的镂空等。在面料应用中，选择带有波状暗纹的皮革面料进行设计，在除廓型结构外的地方进行蒸汽波艺术风格的再强化，来增加整体的丰富度。

款式一由三件套组成，参考收音机的元件组成，提取其平面特点进行立体化设计。设计师运用抽褶设计和镂空设计，增强设计服装立体感，同时让不规则的肌理感展示出风格中重复与无序，扭曲与破坏的表现特点。褶皱的纹理也展示出声音的释放感，将视觉重心牢牢把握在此处（图4–23）。

图4-23 款式一

款式二由两件套组成，参考老式相机的递进设计，展示服装的秩序感。裤装作为设计重点，着重体现了蒸汽波艺术风格中的平面线性分割与重复有序叠加法，由上至下、由大到小的圆形波纹设计，在符合人体美学的同时展示出次序感（图4–24）。

图4-24 款式二

款式三由三件套组成，将胶卷等信物进行重组参考。本套服装强调外部轮廓造型，飘逸感与空间感在本套服装上体现。仿照能够读取胶卷的设备的内部结构，将次序感表现在服装之中。服装采用褶皱肌理的制作方式，将胶卷的肌理感与螺旋感加入服装中，体现“读取”的过程（图4-25）。

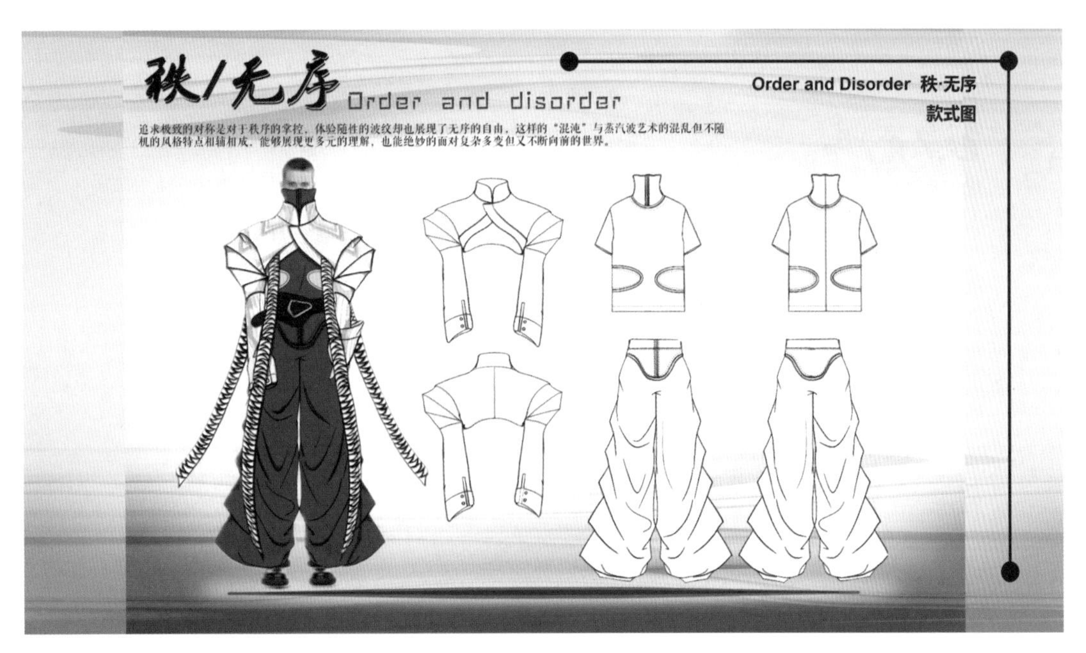

图4-25 款式三

款式四由三件套组成，展示服装的实穿性，更符合成衣设计的审美。服装在质感上更符合20世纪80年代复古的摩登感，迷幻的线条仿若手机内部复杂的线路，而简约干净的廓型更具电子的冷肃感。裙装镂空位置的对称设计与层次设计体现秩序感，其飘逸的质感与运动时的灵动性，打破了款式的冷硬感，更具有设计美感（图4-26）。

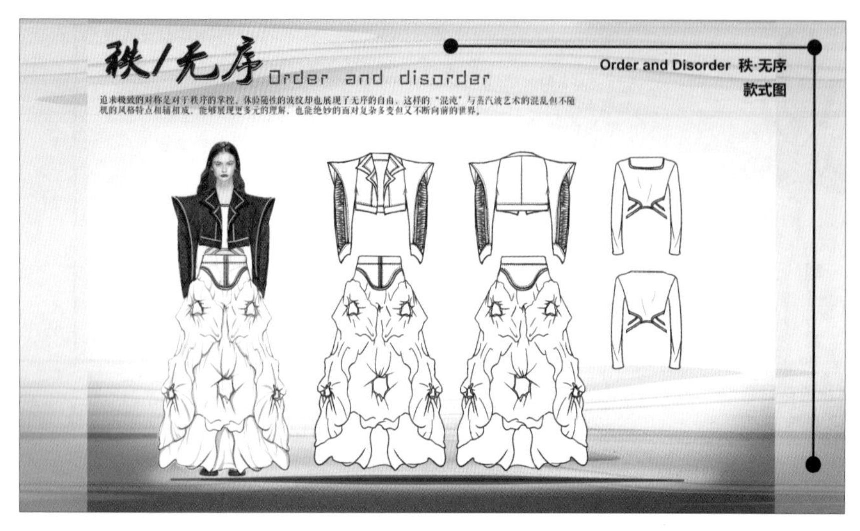

图4-26 款式四

款式五由四件套组成，参考包头耳机的元素设计而成。设计师将圆形的几何形态运用多个裁片组合成立体造型，体现服装的体积感。同时，还将多个裁片由小到大进行裁剪、排列及叠加，强调肩部体积的设计更符合本设计的设计风格定位。同时，将反光条嵌于每个裁片的拼接处，在模仿耳机拼缝的同时使服装更具未来感与体积感（图4-27）。

图4-27 款式五

款式六由五件套组成，参考老式放映机的元件组成，提取其大体量、错落感的特点，展示出蒸汽波艺术风格中3D立体切割的手法应用。设计师将背部与镂空披风结合，让设计更具空间感（图4-28）。

图4-28 款式六

六、服装成衣展示

在服装成衣展示阶段，首先需确保设计稿的确定，并对设计的细节进行精细敲定。随后，根据设计需求选定合适的面料与工艺，完成服装的白坯制作。在此基础上，制作最终的成衣，并通过恰当的搭配为整体设计增添亮点。此外，模特的选择、摄影方案的制订以及后期的效果调整也是至关重要的环节，它们共同影响着服装的整体展示效果与设计理念的传达（图4-29）。

图4-29

图 4-29 服装成衣展示

在整体造型的构思上，设计者选用了经典的黑白色系作为服装设计的主要色调。在搭配上，注重了内外层次感的营造，不仅突出了整体造型的和谐统一，更在细节中展现了丰富的层次感，使得整个造型既具有鲜明的个性，又不失优雅与精致。

除此之外，在设计的过程中，设计者还决定利用不同的光线效果和加工处理方式来呈现出不同的设计感觉。这种做法与蒸汽波风格的设计理念完美契合，其特点包括霓虹般的色彩、炫目的效果和虚幻的氛围。在效果图绘制以及照片拍摄过程中，特意采用了多种光线和背景色彩角度处理服装，以突显面料褶皱和肌理的绚丽效果。黑白色调与霓虹灯光的交织，仿佛将观者带入了一个虚拟现实般的全息幻境。

七、秀场直击

每一位设计师都以登上时尚秀场为荣，而专业的秀场会将服装进行多角度的高清拍摄，便于更好的观察设计师的巧思（图4–30）。

图4–30

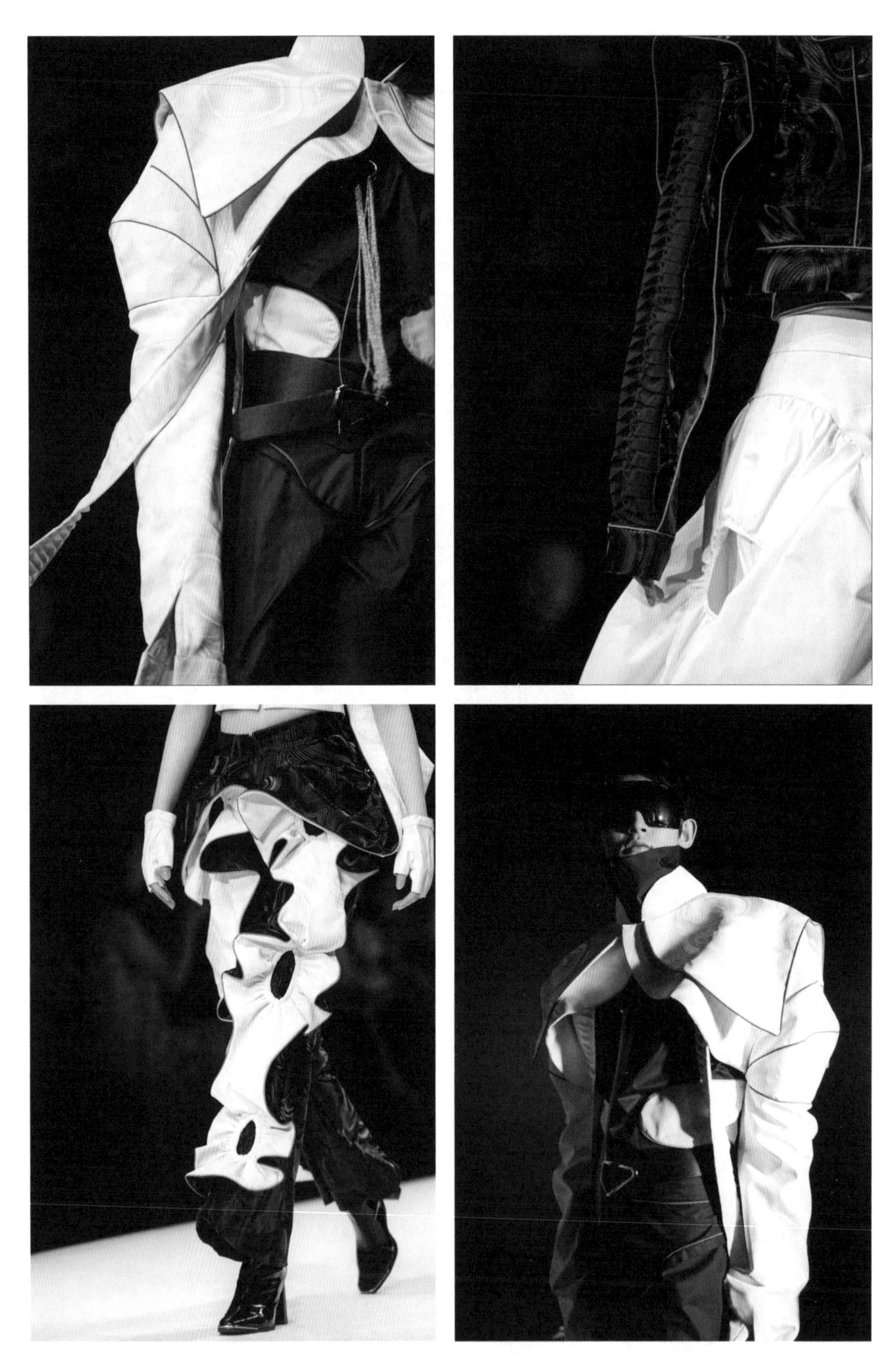

图 4-30 秀场图

第五章

Stable Diffusion 技术在服装设计中的应用

教学目标：

通过介绍Stable Diffusion技术在服装设计中的应用，使学生了解前沿AI科技对服饰品设计的影响，激发对未来服饰品发展趋势的思考。

教学内容：

1. 原理与特性
2. 相关工具与软件介绍
3. 服装面料设计中的应用
4. 服装效果图虚拟展示应用

教学课时：6课时

教学重点：

1. Stable Diffusion技术在服饰品设计中的应用案例
2. 服装设计未来在AI技术影响下的发展趋势

课前准备：

1. 预习Stable Diffusion技术基础知识
2. 收集AI技术在服装设计中的应用案例

随着科技的飞速发展，人工智能（AI）已经渗透到各个领域，为传统行业带来了前所未有的变革。在服装设计领域，AI技术的应用同样展现出了巨大的潜力和价值。通过深度学习、大数据分析等先进技术，AI正在改变着服装设计的传统模式，为设计师和消费者带来了全新的体验。

Stable Diffusion是一种先进的深度学习模型，主要用于生成高质量的图像和艺术作品。它基于扩散模型的原理，利用随机过程逐步将噪声转变为清晰的图像。用户只需输入简单的文本提示，模型便能根据这些提示生成与之相符的图像，展现出极大的创造力和多样性。

这种技术的优势在于其开放性和可扩展性，用户可以在本地运行模型，或在云平台上使用。此外，Stable Diffusion还支持图像的编辑和增强，用户可以对生成的图像进行进一步的调整，从而实现更个性化的创作。由于其强大的性能和灵活性，Stable Diffusion在艺术创作、游戏开发和设计等领域都得到了广泛的应用。

第一节 原理与特性

一、Stable Diffusion的原理

（1）扩散过程。Stable Diffusion的基本原理是通过扩散过程来生成图像。这一过程可以看作是一种物理过程，描述了粒子的随机运动。在图像生成中，它通过对每个图像像素施加随机扰动，并通过迭代使像素值逐渐收敛到目标图像（图5-1）。

（2）变分自编码器（VAE）。为了更有效地进行图像编码，Stable Diffusion采用了变分自编码器。VAE是一种生成模型，能将图像编码成一个隐变量向量，随后通过解码器还原成图像。这种方法不仅压缩了图像信息，还学习了数据的分布特征，有助于更好地生成图像。

（3）可逆网络。Stable Diffusion使用可逆网络进行扩散过程的反向操作。这类网络能进行正向和反向操作，且能在不损失信息的情况下变换数据，从而将扩散过程的结果反向还原成原始图像。

（4）稳定性控制。该模型通过控制扩散过程的时间步长来确保生成图像的稳定性。较小的时间步长会提高图像的稳定性，但也可能影响图像质量。因此，需要在图像质量和稳定性之间找到平衡（图5-2）。

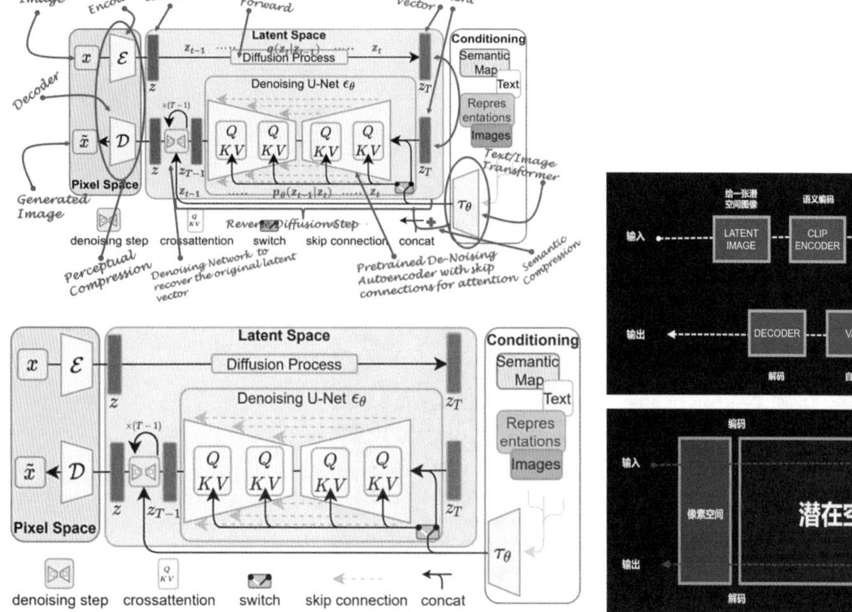

图 5-1 Stable Diffusion 原理分析

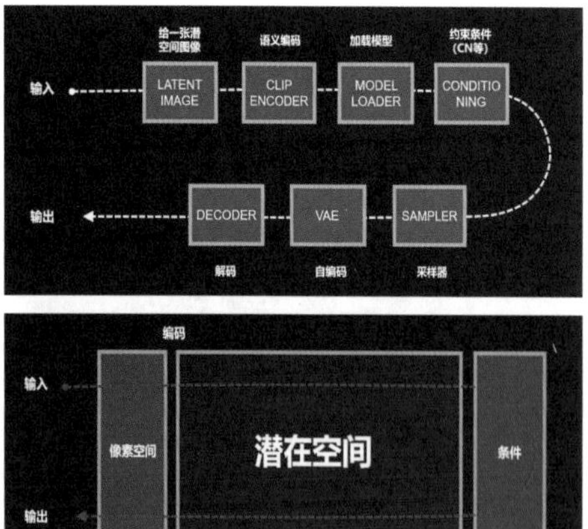

图 5-2 实现稳定扩散的模块流程分解

二、Stable Diffusion的特性

（1）分布稳定性。其步长和步数遵循稳定的概率分布，意味着无论观察的时间尺度如何变化，其统计特性都保持不变。这使得该过程在长时间尺度下仍能保持其特性。

（2）扩散过程的特性。Stable Diffusion的扩散过程展现出一定的稳定性，它可以在某些维度上进行扩散，而在其他维度上保持局域化。

（3）灵活性与高质量生成。作为一种机器学习模型，Stable Diffusion高度灵活，能够生成各种类型的图像，并且由于经过大量高质量图像的训练，其生成的图像具有较高的逼真度和细节表现力。

（4）开源与可调整性。作为一个开源模型，Stable Diffusion支持在本地机器上进行二次开发和调整，这降低了学习和使用的门槛。

然而，Stable Diffusion也有其局限性，如处理速度较慢，在处理高分辨率图像时占用内存较大。这主要是由于扩散模型在像素空间中运行，导致处理时间较长且内存消耗大（图5-3）。

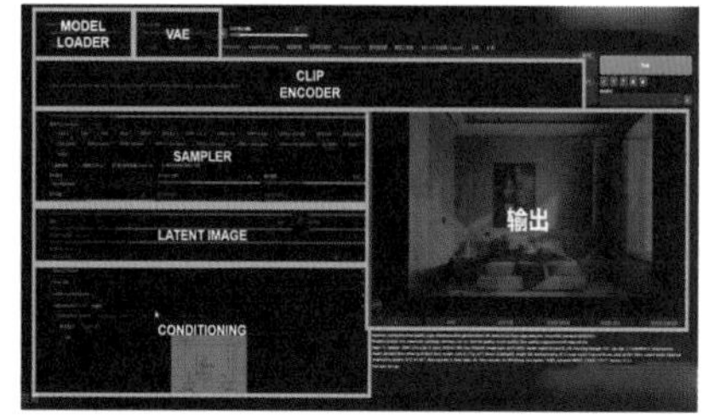

图 5-3 Stable Diffusion 组成与布局

第二节　相关工具与软件介绍

Stable Diffusion操作界面可大致分为5个区域：①模型选择区。②功能栏。③Prompt提示词区。④出图参数设置区。⑤出图区（图5-4）。

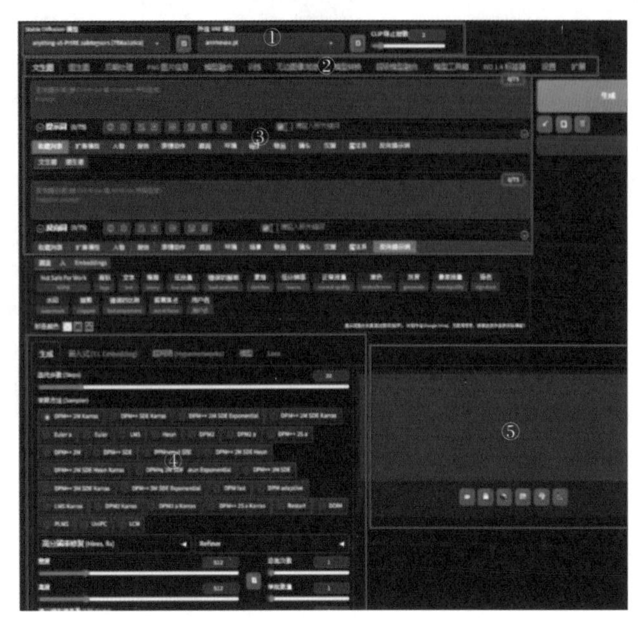

图 5-4　Stable Diffusion 操作界面

一、大模型（ckpt）、VAE模型、clip跳过层

Stable Diffusion本身是一个文本到图像的潜在扩散模型，它包含可调控大模型（ckpt）、VAE模型和Clip跳过层（图5-5）。

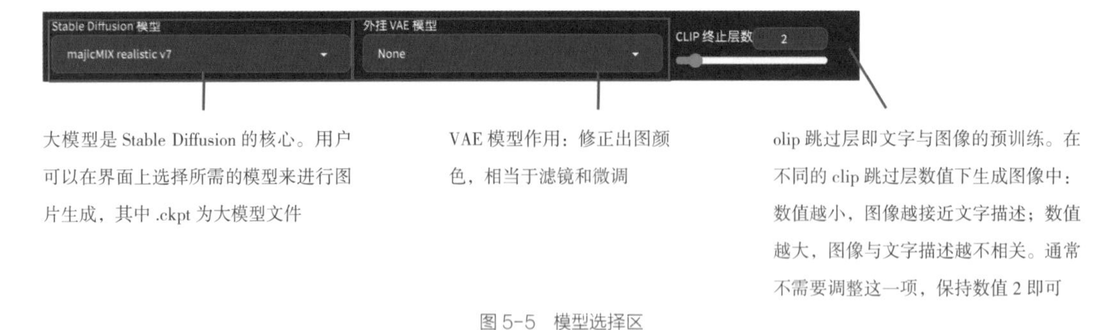

图 5-5　模型选择区

二、功能栏

（1）文生图。使用文字描述生成图像。当选择好大模型后，在提示词区输入英文描述词并设置好出图参数：点击生成按钮即可生成提示词描述的图像。

（2）图生图。使用文字+图像来生成或修改图像。出图流程比文生图多了一个导入图像的过程，用于引导生成图像。

（3）后期处理。图像放大界面。导入图像后，选择好放大算法与缩放比例，点击将图像放大，图像变得更清晰。

（4）图片信息。提供生成图像信息读取。导入由Stable Diffusion生成的图像后，会自动读取图像的所有参数信息（图5-6）。

文生图 图生图 后期处理 PNG 图片信息 Inpaint Anything 图库浏览器 WD 1.4 标签器

图 5-6 功能栏

三、Prompt提示词区

（1）正向提示词。用于描述用户想要生成的图片内容，包括主体、风格、色彩等要求。

（2）反向提示词。用于指定图片中不希望出现的内容或质量问题，如模糊、多手多脚等。

（3）提示词相关设置。提供了一系列参数供用户调整，以更好地控制生成图片的效果。

（4）样式选择。用户可以选择不同的样式来应用于文字生成图片（文生图）或图片生成图片（图生图）的任务（图5-7）。

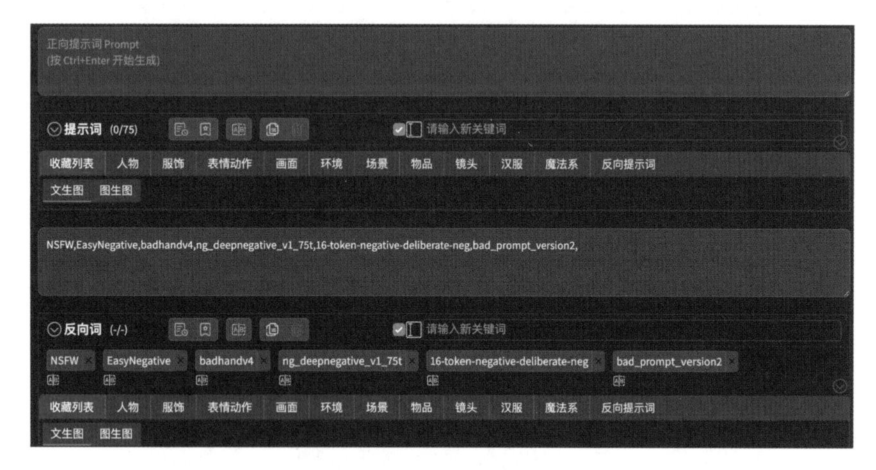

图 5-7 Prompt 提示词区

四、出图参数设置区

出图参数设置区拥有一些可调节参数，用于控制与优化出图。

（1）采样迭代步数。即模型生成图像的迭代步数。大部分情况下采样步数保持在20～40范围内即可，采样迭代步数大低会导致图片没有计算完全，但超过30步的采样步数出图细节提升收效甚微，而且需要花费更多计算时间。

（2）采样方法。是一种生成图片的方式，推荐使用Euler a/Euler/DPM++2M Karras。

（3）随机数种子。随机数种子一般为-1（随机生成），可以保持画面一致性，相同的种子不同参数生出来的图片是相似的。

（4）提示词引导系数。指Stable Diffusion对文字的听话程度，越高越符合提示词，但是不能太高，安全范围为7～12。

（5）面部修复。针对人物风格图片，该功能可以稳定脸部特征，避免出现奇怪的五官或模糊不清的情况。

（6）高清修复。将生成的图片进行高清放大处理，以提升图片的分辨率和清晰度。

（7）宽度和高度。设置生成图片的尺寸大小。

（8）批次相关设置。用户可以设置绘制时通过的批次数量以及每批生成的图片数量，以控制生成图片的速度和数量（图5-8）。

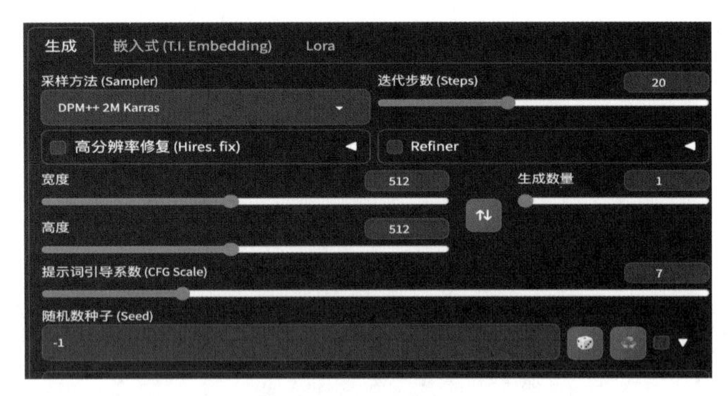

图5-8 出图参数设置区

五、出图区

出图区即显示生成图像的区域，在界面的右侧。下方还提供了一些功能按钮：打开存放图像的文件夹；保存图像；一键导入图像与信息到图生图/局部重绘/附加功能（图5-9）。

图5-9 出图区

第三节 服装面料设计中的应用

（1）作品一。关键词：图案设计（pattern design），时尚设计（fashion design），花卉（floral），多色彩（multi-color）（图5-10）。

（2）作品二。关键词：图案设计（pattern design），服装设计（clothing design），数字排版设计（digital typography design），标点排版设计（punctuation typography design）（图5-11）。

（3）作品三。关键词：图案设计（pattern design），不同种类的猫（different kinds of cats），卡通（cartoons），可爱（cute）（图5-12）。

图5-10 作品一

图5-11 作品二

图5-12 作品三

（4）作品四。关键词：平面设计（graphic design），插图（illustration），剪纸（paper cutouts），苗族图腾纹样（hmong totems），几何图案（geometric motifs）（图5–13）。

图5-13 作品四

第四节 服装效果图虚拟展示应用

示例：以丹霞地貌为灵感来源进行AIGC的服装创意制作。通过观察丹霞地貌总结用于设计的丹霞特点（图5–14）。

①颜色饱和度高。

②颜色冷暖对比大。

③岩石的颗粒感。

④有流动性。

图5-14 丹霞地貌

关键词：有着黄色、橙色、青色的裙子，流动性的，有颗粒感的（A model was dressed in a yellow, orange, and blue dress fluid graininess）。

（1）生成效果图。可以添加图片提示，或使用图片重绘工具进行调整，多次尝试达到满意效果（图5-15）。

（2）将效果图进行扩建。搭建AIGC与服装展示的平台。可以使用已有场景进行融合，也可以通过描述关键词添加场景（图5-16）。

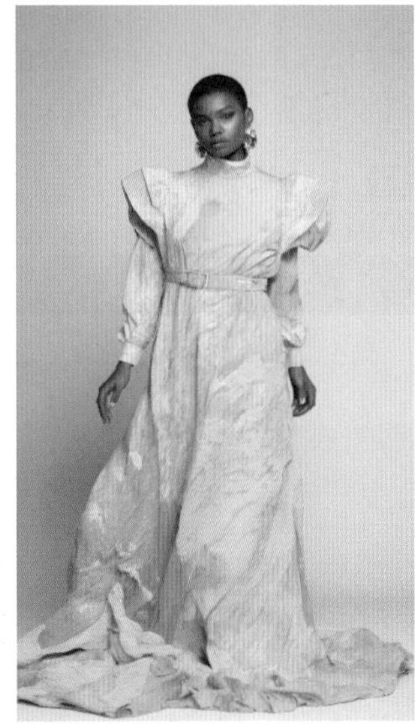

图5-15　生成服装

图5-16　添加场景

（3）文生图简单案例示范。一个中国女孩，自然光，穿着裙子，在大草原上（A Chinese girl, natural light, wearing a dress, on the savannah）（图5-17）。

图5-17 案例示范

（4）加入场景或其他细节。

①提示词：以森林和昆虫为灵感，夸张，概念款，大廓型，秋冬款，肌理面料。

该系列服装展现了探索森林的奥秘和微妙世界的昆虫之美，叠加了大廓型的设计旨在通过服装的廓型和动感达到模仿昆虫形态，敏捷性的效果（图5-18、图5-19）。

②提示词：海洋元素，马戏团元素，童话风格，梦幻配色。

"糖果色沙滩"服装系列设计的创作融合了森林、昆虫、海洋，马戏团和童话元素。作品采用松散的轮廓，模仿自然的形式，使用轻质透气面料。颜色主要是糖果色，并带有粉蓝色的阴影以及柔嫩的绿色，与其他色调交织在一起，创造出一种甜蜜的氛围。海洋风格的褶边、珊瑚形状的蕾丝和昆虫风格的亮片被装饰起来，同时也受到马戏团的启发，丝带和蝴蝶结的设计也被纳入其中（图5-20）。

文生图 图生图 后期处理 PNG 图片信息
图库浏览器 WD 1.4 标签器

This fashion design embarks on a fantastical, exploration of forest mysteries and the delicate world, of insects,ingeniously blending the magnificence of, nature with the intricate details of the insect realm to, create an exaggerated and conceptual artwork., Tailored for the autumn/winter season,the design, adopts an oversized silhouette,aiming to mimic the, depth of the forest and the agility of insect forms, through the garment's shape and movement.,

图 5-18 提示词生成框

图 5-19 效果展示一

图 5-20 效果展示二

③提示词：水母般的服装，夸张，富有想象力，奇异的，童话般的浪漫。

反向提示词：基于现实的服装，柔和，缺乏想象力，平凡，缺乏浪漫（图5-21）。

图 5-21 效果展示三

若想增加一些细节且与风格不冲突，可以用Chat GPT等文字AI细化提示词，强调重点。

A.领形。采用立领设计，模仿水母钟体的形状，领部边缘可以加入轻盈的蕾丝或透明薄纱，增添飘逸感。

B.袖形。使用宽松的蝙蝠袖或泡泡袖，袖口可以设计成波浪状，模仿水母的触手。

C.衣身。采用流线型的剪裁，模仿水母在水中漂浮的形态。可以选择透明或半透明的面料，如轻纱或薄绸，营造轻盈飘逸的感觉。

D.装饰。在衣身上可以绣上水母的图案，或者使用亮片、珠片等装饰元素，模仿水母在阳光下的闪烁效果（图5-22）。

图5-22 效果展示四

④提示词：时装画，概括的笔触，潇洒的水墨风格，男装效果图（图5-23、图5-24）。

图5-23 提示词生成框

图 5-24 效果展示五

参考文献

[1] 付强．视觉设计基础教学研究[M]. 北京：中国纺织出版社有限公司，2024.

[2] Williams T L . Dress and Society: A Historical Introduction[M]. London: Bloomsbury Publishing，2019.

[3] Steele V. Encyclopedia of Clothing and Fashion[M]. Manhattan: Charles Scribner's Sons，2005.

[4] OpenAI. Introduction to Stable Diffusion [EB/OL]. (2024-05-10) [2024-08-25]. [OpenAI官方网站].

[5] CompuServe. The History of Online Fashion Design [EB/OL]. (2021-03-15) [2024-08-25]. [CompuServe官方资源].

[6] 王群，高松．数字服装画技法 [M]. 北京：高等教育出版社，2010.

[7] 郭瑞良，姜延，马凯．服装三维数字化应用[M]. 上海：东华大学出版社，2020.

[8] 项敢．CORELDRAW&PHOTOSHOP时装设计表现[M]. 北京：中国纺织出版社，2008.

[9] 李旭．服装数字化技术基本特征分析[J]. 纺织学报，2005（5）：140-142，145.

[10] 段然，刘晓刚．少数民族服饰元素在数字化服装设计中的运用 [J]. 贵州民族研究，2016，37（10）：127-130.

[11] 丰蔚，葛星，程静怡．数码服装设计表现[M]. 北京：中国纺织出版社有限公司，2024.

[12] 李敏，张营利，胡宁．数字化技术在服装行业中的应用[J]. 针织工业，2011（3）：59-61.

[13] 孔令奇，梁佳雪．近代中原民间女婚服实证分析与CLO3D数字化复原[J]. 纺织科技进展，2024，46（3）：41-47，51.